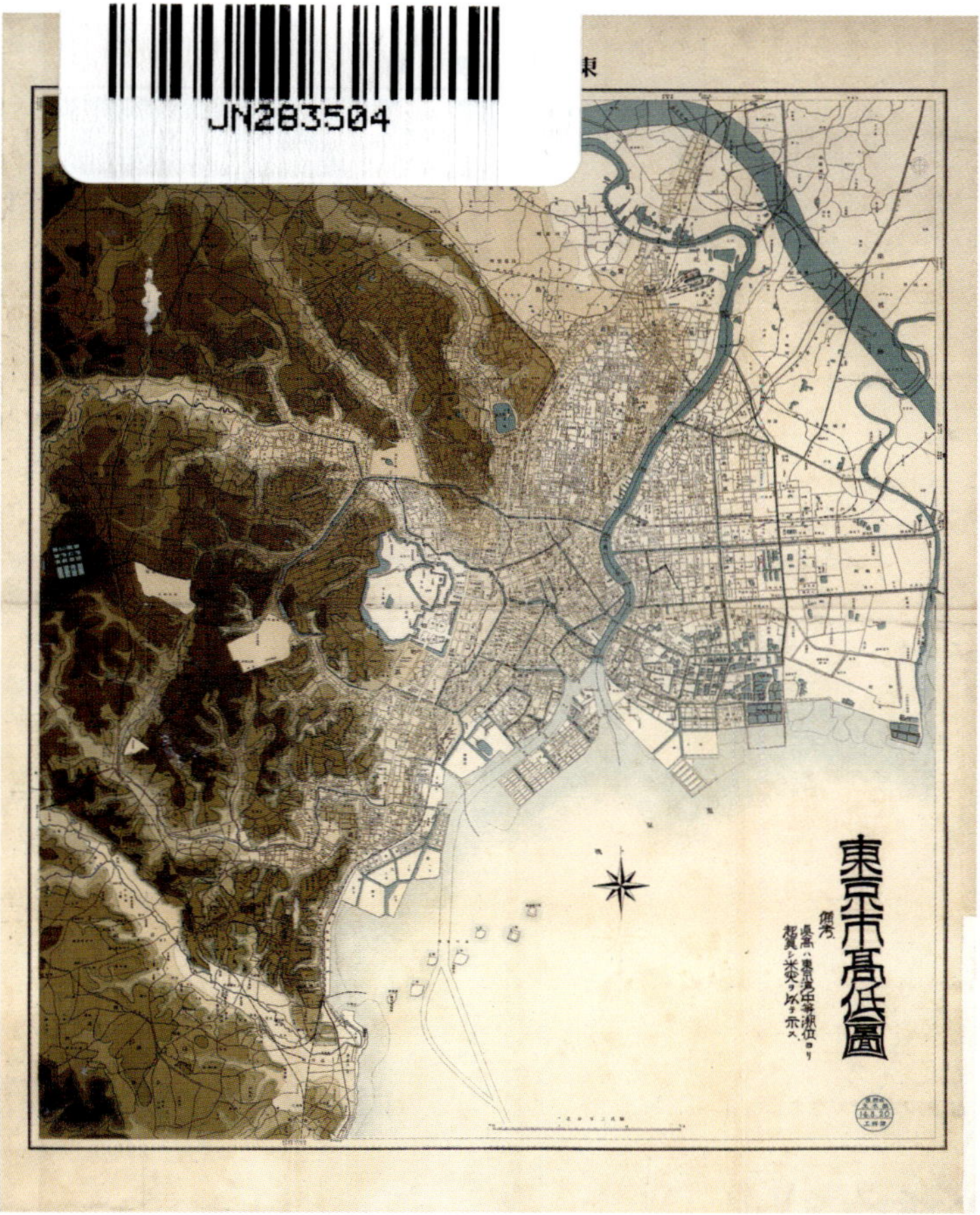

「**東京市高低図**」　東京都心の標高が、2.5m刻みで示されている。「復興局土木部工務課　14.3.20」との印があり、大正14年3月刊行と推定される。2万分の1（市政専門図書館蔵）

谷川彰英

地名に隠された「東京津波」

講談社＋α新書
プラスアルファ

まえがき

東日本大震災の巨大津波をテレビで見て、日本国民のみならず全世界の人々が言葉を失った。

「まさか、こんなことが……」

かつて明治時代や昭和初期にも同じような津波が東北を襲《おそ》ったというが、当時はテレビもないので、映像は国民の前に明らかにならなかった。その意味では、ほぼリアルタイムで巨大津波の様を目にしたのは日本史上初めての出来事だった。それだけに、私たちに与えたショックは大きかった。

それ以降、私はどこに行っても、ここに津波が来るだろうか、来たらどこに逃げたらいいのだろう、と考えるようになってしまった。一種のトラウマ状態である。

二〇メートルの津波というと、数字では簡単なようだが、五階建てのビルほどの高さである。その高さの巨大な水の塊が激流のように押し寄せてきたら、と考えると、絶望的な恐怖感に襲われる。

そんな思いで東京を見てみると、この東京はとてつもなく危険な都市であることに気づいた。これまで東京都では地震災害による危険地帯を「建物倒壊危険度」と「火災危険度」の二つの尺度で認定してきた。確かに、関東大震災などこれまでの大きな地震を考えると、建物倒壊と火災が大きな被害を与えてきたことは疑いのないところである。しかし、今回の東日本大震災で、新たに直視せざるを得なくなったのが津波である。

行政や、地震・津波関係の学者たちの多くは、東京湾には巨大津波は来ない、と考えている。果たしてそうなのか、という疑問と不安から、本書の執筆は始まった。

「今の東京に一〇メートルの巨大津波がやってきたら」という前提に立って本書は書かれている。一種のシミュレーションである。実際のところ、ややオーバーな数字ではあるが、「想定」は最悪の事態を予測してなされなければならない。かりに一〇メートルといっても、途中でビルなどにぶつかるので、次第に低くなることは考えられる。だが、どこまで浸水するかはけっこう重要な問題である。

直接的なきっかけになったのは、偶然に「東京市高低図」（口絵参照）なる古地図を発見したことにある。「発見」といっても世に先駆けて私が初めて「見出した」という意味ではない。私がただ知らなかったというだけの話だ。しかし、それを見て、「これだ！」と直感した。この地図は大正一四年（一九二五）に刊行されたもので、今から約九〇年前の東京を表している。関東大震災の翌々年である。

その地図を見ていると、今の東京人の失ったものが見えてきた。それは東京の土地の高低感である。今の東京人には土地の高い・低いという感覚が消えてしまっているように見えてならない。しかし、ここに最大の問題がある。

津波は「水」だから、「高き」から「低き」に流れる。この単純な原理を理解したら、津波対策で何をすべきかも見えてくる。

東京都の各区はハザードマップを作成してはいるが、下町の区では河川の洪水用に作成したものでしかない。津波は「想定外」ということになっている。

本書の「もし一〇メートルの巨大津波が来たら」という想定は、もちろんフィクションである。しかし、東日本大震災でもあの巨大津波を科学的に予知できた人は一人もいない。

先に紹介した「東京市高低図」とともに、明治中頃に政府の手で全国的に作成された「迅《じん》速測図《そくそくず》」も併用して、明治から大正期の東京がどんな状態であったかを本書では追っていく。さらに当時の人々の生活がいかに土地と深くかかわっていたかをも見ていく。

そして、読者につかんでいただきたいのは、当時の地図に記されている地名がいかに地形に密着し、東京を襲うおそれのある津波や洪水での危険が隠されていて、またそれにどう対応したらよいかをいかに「予知」しているかということである。

約九〇年前の地図から、現代の東京を見直すことができ、ひいては東京の未来の安全を探るよすがになれば、この上の喜びはない。

もともと東京の地名に関する本を、といった程度から始まった企画だったのだが、途中3・11を体験し、なんとかしてこの体験を活かした本をつくりたいという切実な思いに切り替えて書き下ろしたのが本書である。担当していただいた川島克之氏の粘り強い励ましがなければ本書は世に出なかった。記して感謝申し上げたい。

二〇一一年一〇月一〇日

谷川彰英

地名に隠された「東京津波」◉目次

第3章　東京の低地地名からのメッセージ

第4章　東京都心部の危険地名からのメッセージ

第5章　東京の谷底地名からのメッセージ

第6章　安全な町はどこだ？

第7章　東京は生き残れるか

第1章　東京湾を巨大津波が襲ったら——

東京湾にも津波が来た！

「まえがき」で述べたように、東京都では地震に関する防災計画の中に津波は十分位置づけられてこなかった。具体的にいうと、都では地震災害による危険地帯を５４３２１の五段階で評価し、都内の区市町村ごとに公表している（単位は町・丁目）。５が最も危険な地帯で、１が安全地帯ということになっている。

その一覧表を見て、私が大いに違和感を持ったのは、江東区から墨田区・江戸川区・葛飾区の広範囲に広がるいわゆる海抜ゼロメートル地帯の多くが危険地帯に入っていないことであった。なぜ、こんなことになっているのだろうと不思議に思い、その評定尺度を見て愕然《がくぜん》とした。

実はそのランキングは「建物倒壊危険度」と「火災危険度」の二つの尺度による評定を総合したものでしかないのである。つまり、地震によって建物がどれだけ倒壊するかと、地震によってどれだけ火災が引き起こされるか、の二つの尺度で危険地帯を認定してきたのである。

東日本大震災でブームにさえなった感がある「想定外」という言葉だが、これは二つのバリエーションで使われた。一つは「想定外」規模の津波が襲ったということ。もう一つは原発が破壊されたのは「想定外」であったことだ。「想定外」という言葉は行政担当者や関連の専門家・学者らの敗北を意味するが、行政的な立場で見るとわからなくもない。

私自身、国立大学を退職する前の一〇年近くは、もっぱら大学の管理運営に携《たずさ》わってきたので、行政の立場は理解できる。数百年にわたって起こるか起こらないかも知れぬ自然災害に巨額な費用を使うのか、目の前に直面している喫緊《きっきん》の課題に費用を使うのかということになってくると、当然のことながら意見は分かれてくる。特別な災害が起こった当初は費用を使うことに同意を得ることはたやすいが、時間が経過するに従って、目の前のことに追われるようになり、費用を使うのが難しくなる。それも自然な流れだともいえる。

今まで、歴史的に見ても、東京湾に巨大津波が襲ったという事実はない。ほとんどの場合、房総半島と三浦半島に阻《はば》まれて湾内は比較的安全であったということになっている。しかし、果たしてそんなに安穏《あんのん》としていられる状態なのか、というかなりの危機感を持ってこの本は書かれることになる。

まず具体的な数値で示そう。首都圏（東京都・千葉県・神奈川県）の新聞で確認できた範囲でいうと、3・11でも東京湾に相当の津波が押し寄せている。次頁表はそれを示したものである。

東京湾で確認されている範囲でいえば、千葉県の木更津《きさらづ》港の二・八三メートルが最高であ

場　所		津波の高さ（m）
茨城県	北茨城	8.2
千葉県	旭	7.6
	銚子	2.5
	木更津港	2.83
	市原沖	0.93
	千葉市中央港	1.87
	船橋	2.4
東京都		1.5
神奈川県	横浜	1.6
	横須賀	1.6
	鎌倉	1.4
	藤沢	1.5
	小田原	0.9

3・11で首都圏を襲った津波　アミ部分は東京湾内

る。

船橋では二・四メートルを記録している。二・八三メートルといえば、建物の二階に達する高さである。東北地方の被害が余りにも凄惨《せいさん》を極《きわ》めていたため、テレビなどでもほとんど報道されることがなかった情報である。

しかし、東北地方沖で起こった地震の影響により東京湾の奥まったところにある木更津港で二・八三メートルの津波を記録したというのは、見過ごすことはできない。

ちなみに千葉県では、河川の上流方面に何キロ津波が遡上《そじょう》したかも明らかにしている。それによれば以下のようになっている。

小櫃《おびつ》川（木更津市）　九・八キロ
都《みやこ》川（千葉市）　四・一キロ
利根川　一八・八キロ

東京都でも河川への遡上があったことは確かめられているが、その記録は不明である。東京都庁の関係者の話では、これまで東京都が想定していた津波は一・三メートルで、今回の津波は一・五メートルだったとのことだった。

どうやら、千葉県や神奈川県に比べると、東京都の津波への危機感はいたく薄いという印象である。その根拠となっているのが、九〇年近く前に起こった関東大震災である。これは後で述べるように、一〇万人以上の死者・行方不明者を出した日本史上最大規模の震災であったが、これはその被害のほとんどが火災によるものだった。

関東大震災で津波が来なかった理由

関東大震災では、亡《な》くなった被災者は津波で亡くなったというよりも、圧倒的に火災で亡くなったのであった。事実この関東大震災では、津波は二メートル余りしか来なかったと記録に残されている。このことから、東京湾の内部は津波に襲われることはないという安全神話が生まれることになった。

だが、果たしてそうなのだろうか？

実は多くの人々が誤解しているのだが、関東大震災の震源地は小田原沖であった。しかも直下型地震である。解明すべき二つの問題がある。

一つは地震のタイプである。地震のタイプに「海溝型地震」と「内陸直下型地震」の二つがあることは周知のことである。「海溝型地震」とは海でプレートが衝突もしくはずれることによって起こる地震のことで、今回の東日本大震災はその典型である。海の遥《はる》か遠くが震源地になるため、大きな津波が生まれるとされる。まさに今回の3・11はその最たるものであった（次頁上図参照）。

それに対して「内陸直下型地震」は阪神・淡路大震災のように、都市などの直下で起こるため、家屋の倒壊などが激しいことが特徴である。しかも直下であるために、いきなり「ドカン」と来ることが特徴だ（次頁下図参照）。

東京都の「首都直下地震による東京の被害想定報告書」（平成一八年五月）によれば、直下型地震は次の二つのタイプに分けることができるという。

①地表面近くの岩盤が破壊される、いわゆる活断層による地震（次頁下図の1）
②陸のプレートと海のプレートとが接し、せめぎあう境界付近で岩盤が破壊されて起こる地震（次頁下図の2〜5）

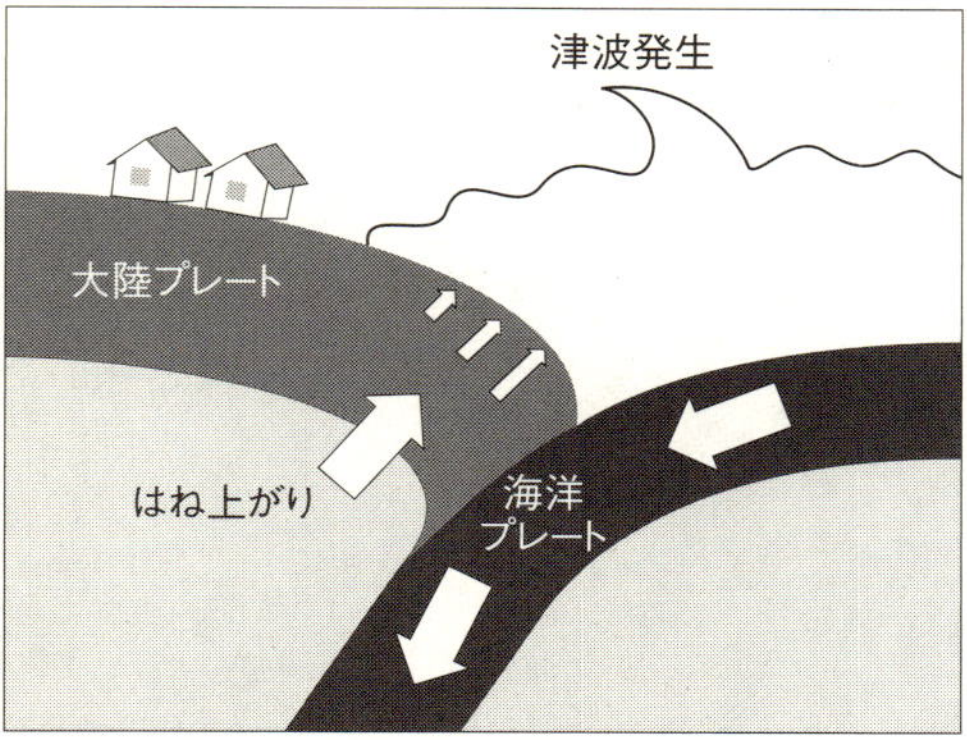

海溝型地震　海洋プレートが大陸プレートの下に沈み、大陸プレートのひずみが限界に達すると、大陸プレートの先端部がはね上がって地震が起きる（科学技術庁「日本の地震」1996より作成）

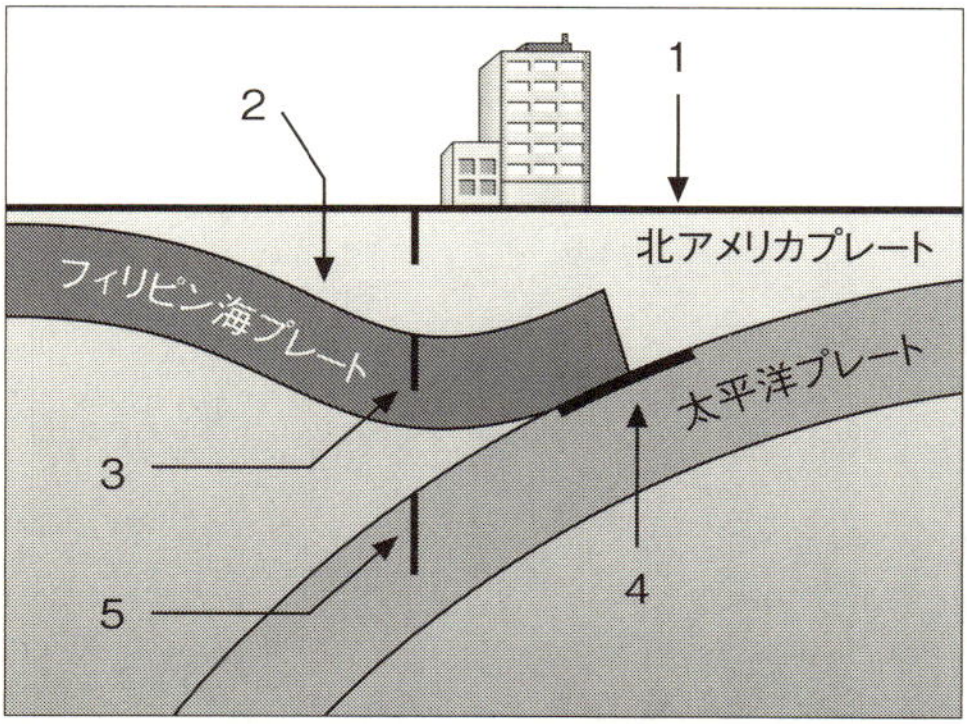

内陸直下型地震　1地表近くの活断層による地震　2フィリピン海プレート上面に沿うプレート境界型地震　3フィリピン海プレートの中の内部破壊による地震　4太平洋プレート上面に沿うプレート境界型地震　5太平洋プレートの中の内部破壊による地震（防災科学技術研究所による）

「海溝型」の場合は、震源地が遠いために揺れが長く続くことが特徴になる。現に、今回の3・11では、東京では四、五分揺れが続いている。揺れの時間が長ければ長いほど液状化の度合いが増すことも、明らかになっている。

関東大震災の場合は、直下型であったため、津波の被害は3・11ほど大きくはなかったが、それでも相模湾一帯では六〜七メートルの津波が発生し、かなりの被害が出ている。ところが、東京での火災による被害が余りにも激しかったため、神奈川県の相模湾沿岸の被害は相対的に話題に上ることが少なかった。3・11で東北の被害が甚大《じんだい》であったために、首都圏の話題が相対的に少なかったのと同じ理屈である。

もう一つの問題は、東京湾の地理的位置関係である。

関東大震災の場合は、小田原沖が震源地で、相模湾沿岸に大きな津波が発生したにもかかわらず、津波は三浦半島である程度防ぐことができたことになる。だから、東京湾内への津波はそう大きなものにならなかった。しかも、直下型地震であったから、もともとそう大きな津波が発生するタイプの地震ではなかった。

ところが、かりに今度起こる地震の震源地が、房総半島沖か三浦半島沖の「海溝型」であったとしよう。その地震が今回のようなマグニチュード9に近いもので、さらに東京湾の延長線上にある地点が震源地であったとすると、東京湾は間違いなく巨大な津波に襲われることなる。

そんなことはあくまで想像でしかない、といわれるかもしれないが、地震の予知などに多くの期待ができない以上、どのようなケースも想定しておかなければならない。しかも、その可能性はかなりあると思ったほうがいい。

三陸沖が震源地の3・11でも、東京湾には二・八三メートルの津波が押し寄せたのである。これは東京湾に津波など来るはずがないといっている時ではないことを示唆《しさ》している。最低一〇メートル級の津波が来ると考えることを、想定外として退けることはできないのではないか。

江戸に押し寄せた津波

関東大震災でも二メートル程度の津波しか来なかったというのが、東京人の間に浸透している観念である。しかし、江戸時代には大きな津波（高潮）が押し寄せ、その被害の反省のもとに「津波警告の碑」なるものが建てられているところがある。

地下鉄東西線に「木場《きば》」駅がある。この辺一帯は江戸時代、木材の集散地として整備されたところで、その意味で「**木場**」と呼ばれた。江戸の町づくりに木材は不可欠だった。当初から材木商人たちは各地を転々とさせられていたが、材木置き場には大きなスペースが必要であったし、火事にでもなれば大きな災害になるということで、この地が「木場」に指定された。元禄《げんろく》一四年（一七〇二）のことである。現在はその木場の機能は「新木場」に移されており、「木場一～六丁目」の地名のみが残されている。駅の北側に広大に広がる木場公園は、今は下町のオアシスのようなモダンな公園になっているが、この辺一帯が昔の木場で、縦横《じゅうおう》に運河が張り巡らされて木材を集めたところである。

したがって、この木場一帯はほぼ海抜ゼロメートルの地域である。江戸時代にはこの先には埋立地はなく、まさに土地の先端という意味での「洲崎《すさき》」であり、風光明媚《ふうこうめいび》な景勝地として多くの人々を集めた観光スポットだった。次々頁の図は江戸時代末期に編纂《へんさん》された『江戸名所図会』に描かれた洲崎の弁財天社《べんざいてんしゃ》の風景である。ご覧のように、弁財天社のすぐ近くまで浜に波が打ち寄せている。

木場駅からすぐ南に行ったところに洲崎神社という小さな神社がある。そこに「津波警告の碑」なる石柱が建てられている。その右に古い碑があり、今はその文字を読み取ることができないほど風化が進んでいるが、東京都教育委員会による看板には「波除碑《なみよけひ》」とあり、そこにはこう記されている。

寛政《かんせい》三年（一七九一）九月四日、深川洲崎一帯に襲来した高潮によって付近の家屋がことごとく流されて多数の死者、行方不明者が出た。

幕府はこの災害を重視して洲崎弁天社から西のあたり一帯の東西二八五間、南北三〇余間、総坪数五、四六七余坪（約一万八千平方メートル）を買い上げて空地としこれより海

波除碑（津波警告の碑）　洲崎神社（東京都江東区木場）境内にある

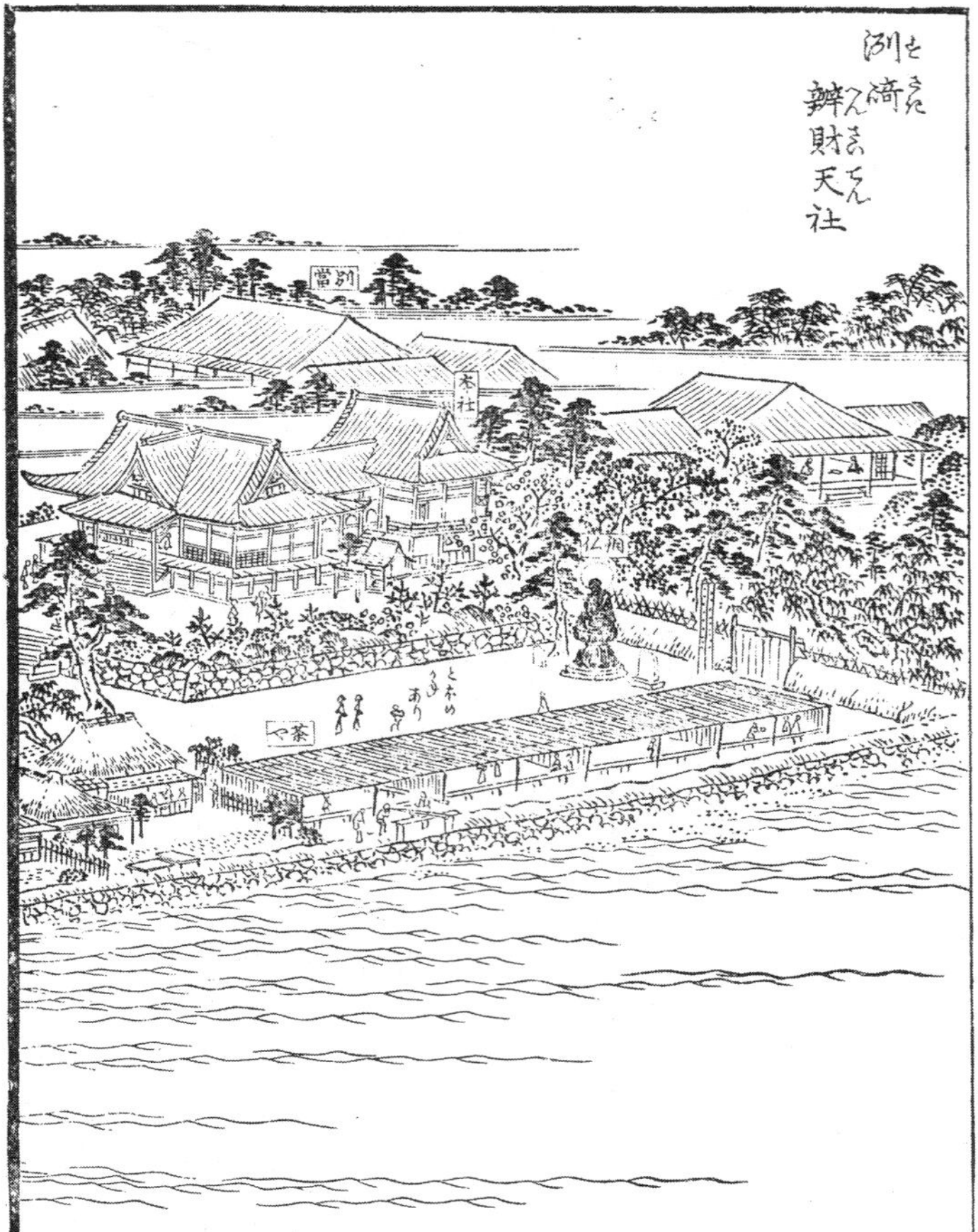

洲崎弁財天社　元禄時代に建立された。近くの海岸は、潮干狩りや舟遊びもされる遊覧の地だった。絵の左下部分に立つのは「波除碑」（前頁写真参照）で、ここを津波（高潮）が襲ったことを示す（『江戸名所図会』より）

料理や
料理や

側に人が住むことを禁じた。そして空地の東北地点（洲崎神社）と西南地点（平久橋《へいきゅう》のたもと）に波除碑を建てた。当時の碑は地上六尺、角一尺であったという。

石碑は砂岩で脆く、震災と戦災によって破損が著しい。現在地は原位置から若干移動しているものと思われる。

建設は寛政六年（一七九四）頃で碑文は屋代弘賢《やしろひろかた》によるものと言われている。


新しい碑は「津波警告の碑」となっているが、「波除碑」にあるように、実際は津波ではなく、高潮であった。高潮は台風などで波が高く押し寄せるもので、地震の影響によって発生する津波とは異なっている。だが、二〇〇年以上前に、ここが高潮によって大きな被害を受け、一万八〇〇〇平方メートルもの土地を幕府が買い上げ、そこに人を住まわせなかったという政策は見事なものであり、現代でも大いに学ぶべきものがある。

右の看板にも記されているが、洲崎神社の碑から西へ数百メートル行った平久橋のたもとに、同じような「津波警告の碑」がもう一つある。

この二つの碑は、そのエリアには高潮（津波）がやってくる可能性があるので、人は住まわせないという方針の表れであった。この事例は江戸に高潮・津波が来ないという保証はないことを十全に示したものと見ることができる。

「東京市高低図」の発見

そんなとき、偶然にも東京都立図書館で「東京市高低図」という古地図を発見した。この地図を見つけて「これだ！」と心が躍った。巻頭口絵に掲げてあるように、およそ九〇年ほど前の東京の町の高低が見事に描かれている。ちなみに最近発行されている「１：２５、０００デジタル標高地形図『東京都区部』」（国土地理院　二〇〇六年）も見事なものだが、「東京市高低図」の特長は、なんといっても当時の地名がそのまま記録されていることである。

この「東京市高低図」は、「市政専門図書館デジタルアーカイブス」の資料（４）「東京関係地図」（東京の戦前期の都市計画、震災復興地図など七三点）の内の一枚として、ネット上で見ることができる。そこでは「復興局土木部編」とされており、出版年月は「一九二五・〇三」となっている。地図に付されている「復興局土木部工務課　14・3・20」はその証といえよう（口絵参照）。

復興局とは、大正一二年九月一日に発生した関東大震災の後、復興事業のために内務省の外局として設置されたものである。３・11後の震災復興と似た状況の中でこの地図は作成されたわけで、大自然の脅威とそこからの立ち直りの思いが込められた地図であると想像される。だから今、この古地図を発見したことは、意義深いと思う。

この古地図が現代に向けてどんな情報を発信してくれているか。それは第3章からのお楽しみとしよう。

本書では、この高低図とともに、明治の中頃に作成された「迅速測図」を使用する。これは明治になって国土防衛の意味もあって、陸地測量部が全国にわたって作成した地図である。これには地形だけでなく土地利用も記載されており、およそ一三〇年前の地域がよく描かれている。スケールも二万分の一で、現在の二万五〇〇〇分の一に近く、当時の地形の復元にはもってこいの地図である。本書では江東区・墨田区・江戸川区・葛飾区などの低地の復元に活用することになる。

海水が遡上したらどうなるか

そこでもし、今の東京に津波や高潮が押し寄せ、また大雨で河川が氾濫《はんらん》した場合、どのようなことが想定されるかを、「高低図」をもとにシミュレートしてみよう。

これはあくまで、災害にあらかじめ備え、起こり得る事態への心構えを持つために、一つの「想定」として行うものであることを、念のためお断りしておきたい。

シミュレーション① 海抜一〇メートルまで浸水したら？

これはかなり大胆な仮定に基づくものである。かりに今の東京で海抜一〇メートルまで海面が上昇した場合、どこまで浸水するかというシミュレーションである。現実にはこの線まで浸水する可能性は限りなくゼロに近いと考えられるが、ゼロではない。第2章で説くように、数千年前の縄文時代にはこの地点近くまで海面は上昇していたと考えられる。これは「縄文海進」と通常呼ばれているが、その意味ではこの地点までは「海」を経験している高さにあるといってよい。

それを表したのが次頁図だが、当然のことながら、下町から都心部一帯はもとより、谷根《やね》千《せん》寄りは千駄木《せんだぎ》あたりまで、神田川沿いでは早稲田、高田馬場あたりまで、さらに外堀沿いでは市ヶ谷あたり、古川《ふるかわ》沿いでは恵比寿《えびす》近くまで、目黒川沿いでは中目黒あたりまで海に沈んでしまうことになる。

しかし、これはあくまでも想定であって、この地点まで津波が襲うことはまず考えられない。逆にいえば、この地点まで「想定」の内に入れておけば万全だということになる。

シミュレーション②　津波が襲ったとしたら?

次に最大で一〇メートルの津波が東京を襲った場合、海水がどう進むかを具体的にシミュレートしてみよう（三三頁図参照）。想定は約七〜一〇メートルの津波である。

浦賀水道から東京湾に入った津波はまず千葉県の富津《ふっつ》市・君津《きみつ》市の平野部を襲う。このあ

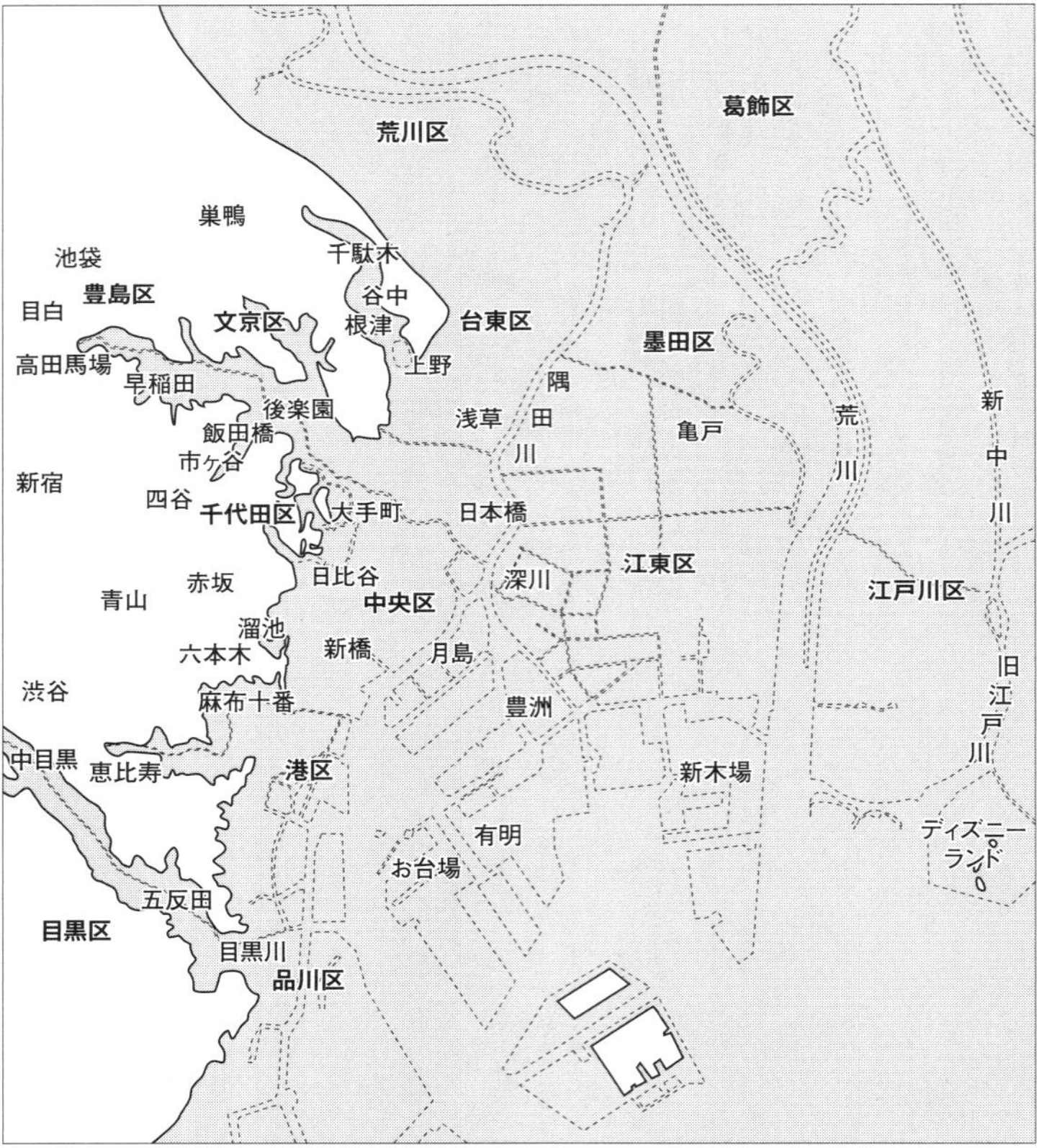

東京都心部で海面が10m上昇したら浸水するエリア　（「東京市高低図」「デジタル標高地形図『東京都区部』」を基に作成）

たりは一〇メートルの高さの津波で一気に流される。対岸の横須賀市は山が一気に海に落ち込んでいて平野部がほとんどないので、津波からは比較的逃れやすい条件にある。

その先の木更津市から千葉市にかけてのコンビナート地帯と、横浜から川崎にかけて広がる京浜工業地帯が問題である。今回の東日本大震災でも、市原市の石油コンビナートから出火し、消火されるまで一〇日間もかかったという火災が発生した。いちばん恐れるのは、千葉県側と神奈川県側のコンビナートから同時に火災が発生して、油の流出によって東京湾が炎上するといった事態である。そこに津波が襲ったら、まさに気仙沼《けせんぬま》で起こったように、津波によって火災が連続的に発生するという最悪の事態が生じる。まさに東京湾総炎上という事態である。

さて次に問題になるのは羽田空港である。仙台空港では飛行機そのものは被害に遭《あ》わなかったものの、六〜七メートルの津波でターミナルビルがやられ、完全復旧までには半年もかかったといわれる。国土交通省によると、海抜二〇メートル以下の沿岸空港は羽田空港（六・四メートル）、関西国際空港（五・三メートル）、中部国際空港（三・八メートル）など全国に三八ヵ所あり、およそ全体の四割を占めているとされる。

羽田空港は海抜六・四メートルなので、当然のことながら浸水することになる。飛行機が流されてそれがぶつかるとさらに被害が大きくなる可能性がある。

さらに津波が進むと、千葉市から浦安市に至る埋立地に正面からぶつかることになる。この地帯は戦後埋め立てて宅地化したところで、今の海岸線から三〜四キロメートルにわたって住宅地が続いているが、ここは全面的に被害を受けることになる。

同時に津波は東京港方面にも向かうことになる。津波は大きく二つの方面に流れ込んでいく。一つは荒川から江戸川方面である。ここは大きな障害物もないので、そのまま河川に流入して遡上する。河川には水門をつけることは不可能なので、津波はそのまま遡上し、堤防を軽く越えて海抜ゼロメートル地帯を襲うだろう。地震で堤防には相当の亀裂《きれつ》が走っていることが予想され、水は容易に下町を呑《の》み込んでいく。

もう一つの流れはお台場《だいば》海浜《かいひん》公園を越えて隅田川に向かう。お台場海浜公園でどれだけ水を防ぐことができるかがポイントではあるが、有明《ありあけ》西ふ頭公園は三〜四メートルの高さしかなく、それが突破されたら、築地・新橋・銀座・日本橋方面は浸水し、さらに隅田川を遡上する波によって浅草・本所《ほんじょ》あたりは全面的に水没する可能性がある。もちろん、深川・亀戸《かめいど》あたりも水没する可能性がある。

上野も不忍池《しのばずのいけ》あたりまでは浸水の可能性がある、神田川沿いでは後楽園あたりまで、新橋から虎ノ門《とらのもん》を経て溜池《ためいけ》も危ない。古川沿いでは麻布十番《あざぶじゅうばん》近くまではかなり危険だ。さらに目黒川沿いでは品川から五反田《ごたんだ》の駅の裏あたりまではかなり危険だと考えたほうがいい。

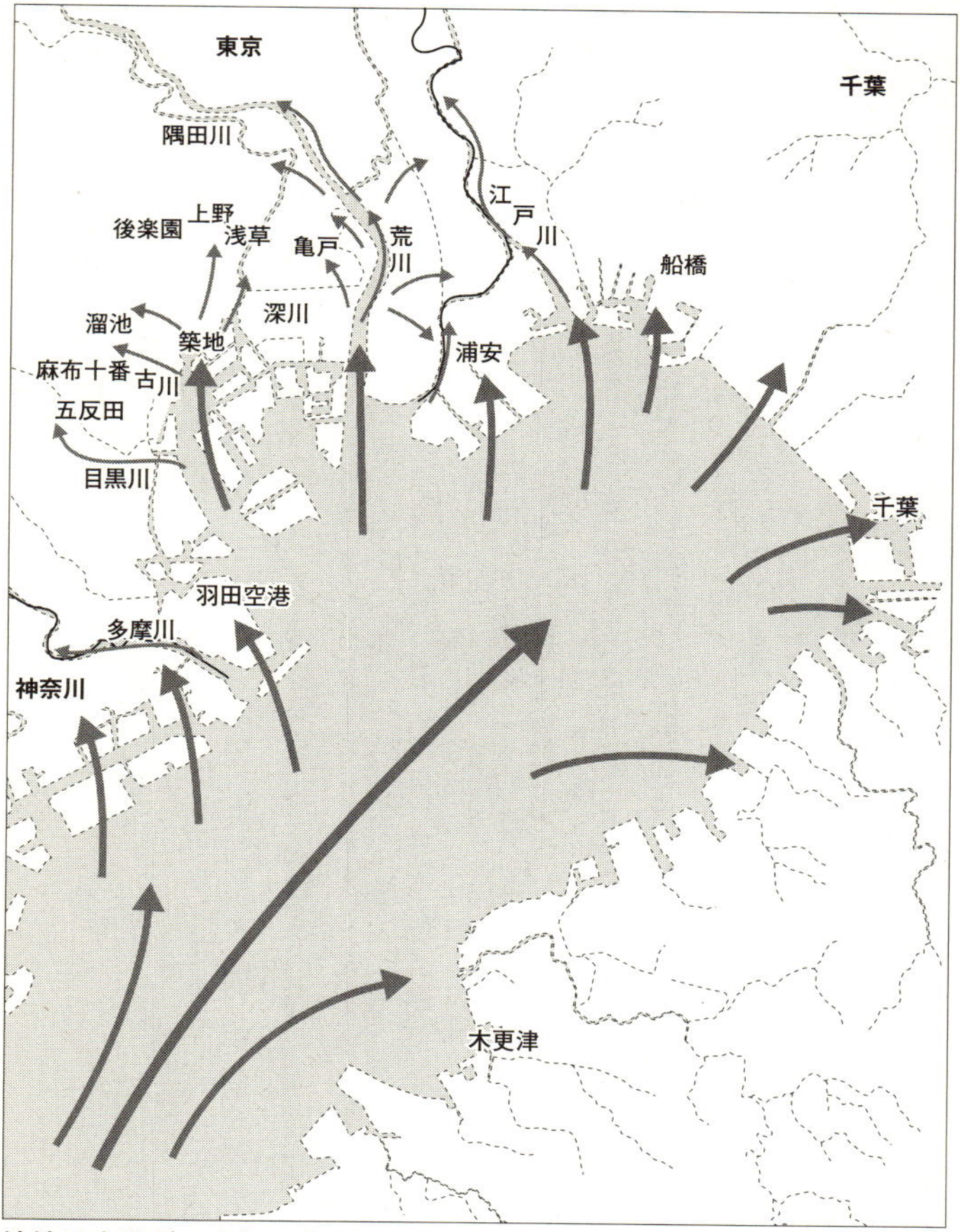

津波は実際どのように進むか

水門・防潮扉の閉鎖失敗

こんな想定をしているときに、恐ろしいニュースが飛び込んできた。平成二三年（二〇一一）九月一八日付の読売新聞の一面トップに、「大震災の津波到達時」に都沿岸部の「2水門・4防潮扉閉鎖失敗」と報道されたのだった。これは大変なことだと私は思った。

東日本大震災が発生した3月11日に津波警報が発令された際、国や東京都が管理する都内の水門や防潮扉などの「防潮設備」計6基が閉鎖できず、津波の第1波到達に間に合わなかったことがわかった。都内の防潮設備は、主に台風などによる高潮を想定しており、津波発生時の緊急対応は想定外。国土交通省と都では、震源が近い首都直下地震には対応できないとして、各設備の運用方法について見直しを行う。

この記事によると、「水門と防潮扉」とは次のようなものである。

津波や高潮が浸入することを防ぐための設備。河川や水路には水門。防潮堤の外側に人や車が出られるよう、切れ目の部分に付けた可動式のゲートが防潮扉。海岸法や河川法に基づき、各設備を管理している国や自治体が、予想される潮位の変化や震度などに応じて閉鎖する基準をそれぞれ定めている。

国土交通省によると、東京沿岸の設備は水門が四四基、防潮扉が四六基あり、3・11の場合、最大二メートルの津波を予想して、荒川・多摩川沿いの水門三九基、湾岸地区の防潮扉六基の閉鎖を決定したという。ところが、中央制御室の遠隔操作で閉鎖できる水門など三三基は閉鎖できたものの、二基の水門と四基の防潮扉は閉鎖に失敗したのだという。

その原因は、外部業者に委託している設備に関しては、業者への電話が通じなかったり、現地への到着が渋滞などによって大幅に遅れたりしたからだという。

こんなことを考えるに至ったある経緯がある。

先に述べた木場の「津波警告の碑」を取材したときの話である。西に位置する平久橋のたもとにある碑を調べ、そこで出会った古老に、「3・11のとき津波が来るとは思わなかったですか」と聞くと、古老は「今は水門がいくつもあるので絶対大丈夫だよ」と答えてくれた。

それは、「水門をきちんと閉鎖してくれるから安心だよ」というふうに聞こえた。ところが、今回はすべての設備の閉鎖が終了したのは、第一波の三〇分後だったという。しかも、読売新聞では「閉鎖が遅れた江東区内の防潮扉1基は『海抜ゼロメートル地区』近くだった」と書いている。

ところが、このような実態はさらに全国的なものであることが判明してきた。東日本大震災で死亡または行方不明となった岩手、宮城、福島三県の消防団員計二五三名のうち、少なくとも七二名の団員が、海沿いの水門・門扉《もんぴ》の閉鎖に携わっていて犠牲になったことが明らかにされた（読売新聞二〇一一年一〇月一七日付）。

消防団員は非常勤特別職の地方公務員で、年平均報酬は二万五四七五円に過ぎない（二〇〇八年）。ほとんど無給に近い報酬で貢献している消防団員が多く犠牲になったという事実は、見逃すことができない重大事である。その多くが、水門・門扉を手動で閉鎖しようとして犠牲になったというのである。

国土交通省によれば、全国の港などの水門・門扉（幅二メートル以上）二万五四六三基のうち、遠隔操作化されているのはわずか七四二基で、約三パーセントに過ぎないという。これは早急に取り組むべき課題であるといえよう。

第2章　土地の高低感を忘れた東京人

東京の町は地名でわかる！

日本は地名の宝庫だとよくいわれるが、それほど地名が豊かに残っているのは、日本列島の地形が多様であるからである。つまり、日本は地形が多様で変化に富んでいるから、多くの特徴ある地名を今に伝えているということである。

たぶんこれは日本が地震王国であるということと関連している。太平洋側の日本海溝から見れば一万メートルに達する山の部分が今は陸地として出ており、日本海も水深が三〇〇〇メートルに及ぶ。いうなれば、日本列島は高い山脈の尾根の部分だけが海上に出ているのであって、当然のことながら山は鋭くそびえ立っており、そこに多くの谷が形成され、その間に平野が広がっている。

したがって、日本には「山」「川」「島」「池」「森」「林」「石」など自然の地形を示す地名が圧倒的に多い。さらに、そこに人が住むようになって、「村」「田」「橋」「船」などの地名が成立してくる。

対照的なのはアメリカ合衆国である。特に中西部は地形の変化に乏《とぼ》しく、州と州との境界線が直線で何十キロも続くというのが当たり前のようになっている。これは住んでいる人々の数が少なく、定住していなかったことがその理由である。日本の場合は平野部であっても、一直線に村と村の境界を引くことなど不可能である。村々の田の領有地は決まっており、その田んぼは普通、曲線を描いているからである。長方形に田を整備したのは戦後のことである。

東京の町も例外ではない。今の私は地名に関する本を書くことがライフワークのようになっているが、その私に地名の重要性に開眼させてくれたのは、ある地理学者のひとことだった。私が大学教員として最初に赴任《ふにん》したのは千葉大学教育学部だったが、そこで出会った地理学者が会議の前の立ち話で、こう話された。

「東京ってのは、地名で地形がわかってしまうんだよ。山の手には山とか丘という地名があるし、下町には橋や川という地名が多い。その二つを結んでいるのが坂なんだよ」

私自身は特に地理学を学んだわけではなかったが、とにかく東京に一〇年もの間住んでいて、何気なく東京の町についていくつか疑問に思っていたことを、このひとことが解いてくれた。

一方、私個人は小学校の高学年の頃、なぜかわからないが地図大好き少年だった。学校でもらった地図帳を毎日見ながら暮らしていた。地図には見る人の意識によって実に様々な事実が浮かんでくることが無性《むしょう》に楽しかった。

初めて上京したとき思ったのは、東京ってなんて坂の多い町なんだろうということだった。私が生まれ育ったのは長野県の松本市だったが、ここは典型的な扇状地《せんじょうち》で細かい坂があるわけではない。なだらかな傾斜地が続き、その周りには三〇〇〇メートル近い山々が連なっている。そんな地形のところから出てきた若者には、東京は異様に坂の多い町だという印象を与えたのである。

失われた高低感

ところが、昨今の東京人を見ていると、この東京の町の地形、特にその土地の高低感が失われているように見えてならない。どこの繁華街に行っても同じように見えてしまう。新宿も渋谷も池袋も同じような町に見えてしまう。人々は超高層ビルを見つめ、人々が行き交う通りをぬって歩くだけだから、同じなのである。

ところが、よく見るとこれらの繁華街も微妙に違っていることがわかってくる。いちばんわかりやすいのは渋谷である。「渋谷」と書かれているように、ここは「谷」である。今の渋谷駅があるあたりがいちばん低く、代々木方面に行くにも坂、青山方面へは「宮益坂《みやます》」、西に向かえば「道玄坂《どうげん》」である。唯一南方のみ下に向かっており、ここを流れるのが港区を経て東京湾に注ぎ込む古川という川である。

実は今のＪＲ線・東横線の「渋谷駅」の地下には川が流れている。これが古川の源流だが、「渋谷川」とも呼ばれている。新宿御苑《ぎょえん》を水源地とし、「千駄ケ谷《せんだがや》」という谷を通って渋谷に流れている。

渋谷が「谷」であることは、地下鉄銀座線の渋谷駅が地上三階から出発していることを見てもわかる。青山の台地を抜けた電車はいきなり渋谷の上空に出て止まる。そこがターミナルなのである。

このように東京人が土地の高低感を失ったのにはいくつかの理由がある。

一つは歯止めがかからぬように東京中に林立する超高層ビルである。今は地盤の強弱に関係なく、どこでも超高層ビルを建設している。東京スカイツリーの建つ墨田区は後述するように、地盤は決して堅固ではない。もちろん耐震への対策は十分できていようが、観光客はただ、より高い塔が完成すればよいと考えている。同様に、下町にも高層マンションが建ち並んでいる。そんなところから、東京人が足元を見つめることを忘れ、高層ビルを見つめることに慣れてしまったことがまず一つの理由である。

二つ目は交通機関の発達である。東京の町を歩いてみると、けっこうきつい坂が多いことを実感できるが、ほとんどの人はＪＲや地下鉄、私鉄の電車を利用している。ＪＲはそのほとんどが高架になっているため、ほとんど水平だという感覚に慣らされてしまっている。地下鉄はそのほとんどが地下を走るため、その上がどうなっているかなど関係ない話である。

先に述べた渋谷駅のように天空を走っても、そんなものかと不思議にも思わない。これが現代の東京人の感覚なのである。

もう一つ理由を挙げるとすると、街並みのつくりがどこも同じになってきていることである。特に繁華街では、新宿も渋谷も池袋も見た目にそう大きな変化は認められない。自分が行きたいショップやレストランがそこにあればいい、というのが特に若い世代の感覚であろう。

「山の手」と「下町」と「坂」

しかし、ここで江戸から東京にかけての四〇〇年、この町が地形に深くかかわって発展してきたことを十分理解することが必要である。そのことがこの町を将来震災から護ることにつながってくるからだ。

東京はよくいわれるように、「山の手」と「下町」に分かれる。これは江戸以来の文化的な視点でいわれる言葉で、地形に合わせた話ではない。江戸の文化はいうまでもなく、下町から発生した。江戸城を中心に町が形成されたが、今の日本橋、築地、銀座から新橋に至る地域は人工的に埋め立てられて造成された土地で、このエリアから浅草に至る一帯が江戸文化を生んだ地域である。だから、江戸の文化は「水」に深くかかわってきたともいえる。

山の手と下町の境界線はどこにあるのか。それを山手線で確認していこう。内回りでいうと、まず上野駅あたりから始まる。御徒町《おかちまち》駅を出て上野駅に近づくと、左手に西郷さんが立つ上野公園が見えてくる。この台地が東京西部に広がる武蔵野《むさしの》台地の東端である。上野駅はこの台地と低地の境につくられた駅である。上野駅の複雑な構造はここに起因している。

まずわかることは、山手線と京浜東北線のホームはほぼ上野公園の台地の高さにあるということだ。ところが東北本線や常磐線の遠距離線の列車はかなり低いところから出発する。このホームは低地から出ているのである。つまり、上野駅は山の手と下町が同居しているということになる。

この状態は隣の鶯谷《うぐいすだに》駅から日暮里《にっぽり》駅を経て田端《たばた》駅まで続く。田端駅で山手線は左にカーブを切って、山の手に入っていくが、京浜東北線はまっすぐ北上して王子《おうじ》駅方面に向かう。

山の手と下町がよくわかるのは、日暮里駅である。日暮里駅の北口を出て北を見ると、見事な崖《がけ》が続いている。これが武蔵野台地の東端であり、この右手に広く続いているのが沖積《ちゅうせき》平野である。山手線と京浜東北線は上野から田端を経て王子の飛鳥山《あすかやま》公園に至るまで、山の手と下町の境界線を走っているのである。

この武蔵野台地は我が国でも代表的な洪積《こうせき》台地といわれている。洪積台地とは洪積世（約二万〜一万年くらい前まで）に形成された台地で、およそ二〇〜五〇メートルくらいの高さで東京の西部に広がっている。この台地は地盤が固く、地震に際しても比較的被害が少ないとされている。

洪積台地は下町を挟んで千葉県一帯に広がる下総《しもうさ》台地にも広がっている。言い換えれば、東京の下町を形成している地域は武蔵野台地と下総台地の間に広がる低地を成しているということである。

ところで、武蔵野台地に広がる山の手の地形も複雑である。台地から流れる大小の河川が複雑な谷を形成し、台地上にいくつもの「谷」がつく地名が点在している。

その一例が先に挙げた「渋谷」なのだが、他にも「市ケ谷」「千駄ケ谷」「幡ケ谷《はたがや》」「世田谷」などがある。いずれも台地から流れ出る川によって刻まれた谷である。

この台地を削った川のことを東京では多く「沢」と呼んでいる。全国的に見て、東日本では山間部を流れる川のことを「沢」と呼んでいる。これはおよそ長野県あたりを境にして東日本に多く見られる特徴である。西日本では「沢」という地名はそれほど見られない。東京でも「沢」地名は多く、「駒沢」「奥沢」「代沢《だいざわ》」「野沢」「深沢」などだが、いずれも台地から流れ出る川にちなむものである。

東京はよく「坂の町」とも呼ばれるが、東京の坂というのは、下町の沖積平野と洪積台地を結ぶスロープのことに他ならない。今東京には一〇〇〇を超える名前のついた坂が存在するといわれるが、まさにこのような地形を理解すると、よりわかっていただけるに違いない。

東京湾の成り立ち

さてこの辺で、東京湾が地質学的にどのように説明されているかを紹介してみよう。野中和夫編『江戸の自然災害』(同成社)は、江戸の地質が自然災害といかに関連しているかを説いていて示唆的である。

東京湾を津波が襲った場合、特に危険にさらされるのは、江東区・墨田区・江戸川区・葛飾区などのいわゆる低地である。この低地がどのように成り立ってきた地層であるかが重要である。

この一帯はいわゆる海抜ゼロメートル地帯を含む低地だが、ここには住宅地が密集している。ちょっと見ただけでは都心部となんら変わりないように見えるが、この低地には隅田川・荒川・中川・江戸川などの大河が幾筋も流れ、東京湾に注いでいる。

西はいわゆる山の手に相当する武蔵野台地に接し、東は千葉県市川市の下総台地に接し、北は大宮台地に接するいわば三角形の低地である。

この地帯はいわゆる沖積層という地質で構成されており、地盤としては緩《ゆる》く、関東大震災でも家屋の全壊率が高かった。

この本では「日本橋」付近に焦点を合わせて、台地と低地がどのように変化して成り立ってきたかを三つの図で説明している。専門家の説明をきちんと伝えるためにまず引用し、それに私なりのコメントを加える。

(1) 二万年前

まず二万年前のモデルが次頁図のように示され、こう書かれている。

話は約二万年前の氷河期までさかのぼる。この頃は、東京湾は存在せず、そこには深い渓谷が刻《きざ》まれ、谷底を一本の大河が流れ、現在の浦賀《うらが》付近で海に流れ込んでいた。

この時期は、大陸に氷河が発達したために陸水が海に帰るまでの時間が長くなったことにより、結果として海面が現在よりもおよそ一三〇メートルも低かったと考えられている。したがって、当時の海岸線は現在の東京湾の出口付近まで後退しており、現在の東京湾には深い渓谷《けいこく》が刻まれ古東京川と呼ばれる大河が流れていた。

なぜ、話が二万年前にさかのぼるのか。それは地質学上、一七〇万年前から二万～一万年

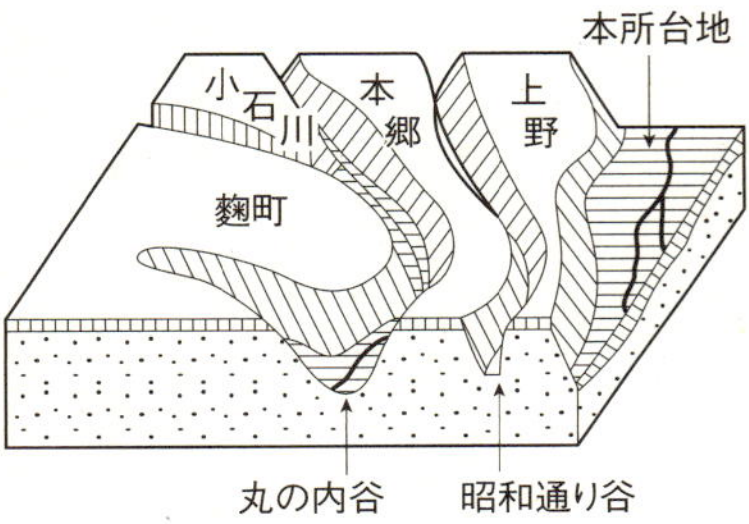

東京都心の地形・2万年前　（原図：貝塚爽平『富士山はなぜそこにあるのか』。本書49頁上図、51頁図も同じ）

前頃までを「洪積世」と呼び、それ以降を「沖積世」と呼んでいることにちなんでいる。その「洪積世」の時代に形成された台地を「洪積台地」と呼び、その後の「沖積世」の時代に形成された低地を「沖積平野」と呼んでいる。

ここに書かれているように、かつては今のような東京湾は存在せず、浦賀あたりまで大きな渓谷で大河が流れていたということは知っておいていい話である。

そういえば、今の東京湾の北部、沿岸一帯は遠浅《とおあさ》で、海の深さは十数メートルから二〇メートル程度しかないことは、周知の事実である。その辺一帯は昔は陸地であり、しかも渓谷であったということである。

さて、まず東京および南関東の地質を見るには、二万〜一万年前までにできあがった洪積層と、それ以降土砂の堆積《たいせき》によってできあがった沖積層の二つの層から成り立っていることを理解することが必要である。この違いがわかれば、東京の地盤についての基礎はできたといっても過言ではない。上図で示されているように、上野・本郷《ほんごう》・小石川《こいしかわ》・麹町《こうじまち》あたりは洪積台地であり、そこから雨などによって河川ができ、谷を形づくっていた。

「丸の内谷」と書かれているところには、かつての「平川」(神田川・小石川)が流れていた。そして「昭和通り谷」と書かれているところには、現在の千駄木《せんだぎ》から不忍池にかけて藍染《あいぞめ》川が流れていた。また、当時は氷河期の最後の段階で、海の水位は今よりもずっと低く、本所のあたりも台地となっていた。

(2) 縄文時代後半

それが縄文時代の後半(今から数千年前)になると、大きく変わってくる。

その後氷河期から温暖期へと変化することにより、渓谷には海が侵入、台地際まで迫り、その波の作用によって台地の先端は削られていわゆる波食台が形成された。かつての台地間の支谷にも海水が侵入したが、その底には台地より供給された土砂が堆積し始めていた。

左図で見るように、海は今の東京にも迫り、日比谷はすでに入り江となっている。日本橋から上野に至る一帯はここにいう波食台となり、やや固い地盤が残っている状態となっている。上野から浅草に至る地域はこの波食台に位置すると考えてよい。

ここでまず基本的なことを理解してもらいたい。歴史学や考古学の世界では「縄文海進《かいしん》」という言葉がよく使われる。つまり縄文時代（約一万年前から二、三千年前）には海の水位が今までよりも数メートルも高く、したがって海は今の位置よりも相当に陸地の内部に進んでいたということである。

「海進」とは「海が陸地の奥に進む」ことを意味している。その反対を「海退《かいたい》」と呼んでいる。縄文時代には今より数メートルと書いたが、場所によってはそれ以上のところもあったらしい。私が調べたところでは、千葉県の君津市で七メートルほど高い地点に貝層（貝が自

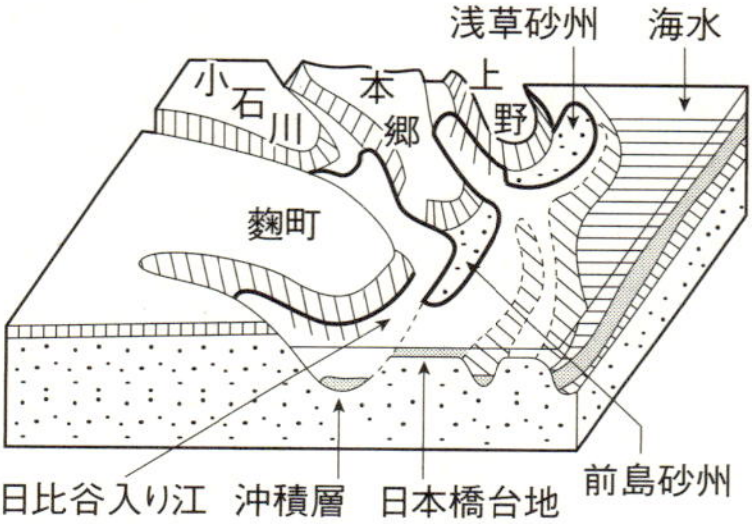

東京都心の地形・縄文時代後半

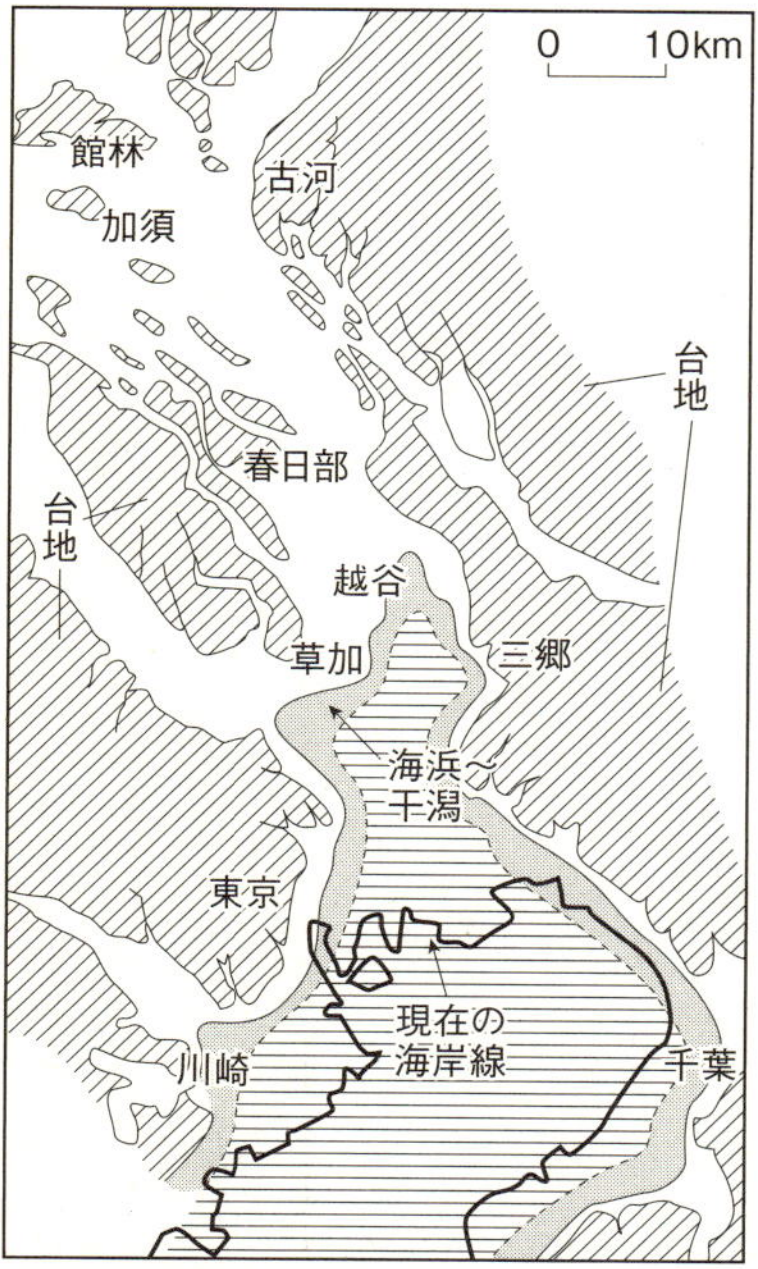

東京湾の縄文海進 縄文時代後半期（貝塚爽平他編『日本の地形４ 関東・伊豆小笠原』より作図）

然の地層の中に埋もれているもの）が発見できた。

ということは、現在の水位よりも六〜七メートル高い地点まで海水が押し寄せていたことになり、今の東京でいえば、下町はもちろんすべて、さらに銀座・丸の内・日比谷・溜池・品川などは海の底であったことがわかる。それを示したのが前頁・上図である。海が前進し、陸が後退することによって、丸の内谷には日比谷入り江が形成され、谷の間には土砂の堆積による沖積層ができている。

この縄文海進の図は津波を考える際に示唆《しさ》的である。海進の標高差については明確に何メートル高かったかは不明だが、およそ六〜七メートルから一〇メートル程度ではなかったかと考えられている。幅があるのは縄文時代はほぼ一万年にも及ぶ長い時代で、その間の変動を頭に入れれば、そのような概算になるということだ。

この数字が示唆的なのは、本書でシミュレートしている一〇メートルの津波がほぼこの高さに重なるからである。シミュレーション上は、縄文時代に海であった地域一帯が津波に覆《おお》われるという話である。水というものは極めて素直であって、低いところには平等に流れ込むものなのである。

（3）現代

そして現代である。

その後数千年間継続して支谷には土砂が堆積し続けたことにより谷はすっかり埋没してしまったが、かつての谷があった場所には厚い軟弱な土砂からなる地盤が形成された。江戸市街の中心部にこのような軟弱地盤が分布していることも、江戸の震災被害を大きくした原因の一つであるといえる。

この図は「現代」といっても、縄文時代後半に次ぐ時代を象徴しているので、当然のこととして江戸時代も一緒である。いちばんのポイントは、上野・本郷・小石川・麴町などの洪積台地以外の東京のエリアは沖積層によって覆われているということである。

当然のことだが、洪積台地は地盤が固く地震に強いとされている。それに対して沖積平野は地盤が弱く、さらにその延長線上に埋立地が江戸時代以降造成され、次第にこの低地にも人が定住するようになり、さらに明治になって東京に組み込まれることになって、一層の住宅地化が進んで現在に至っている。

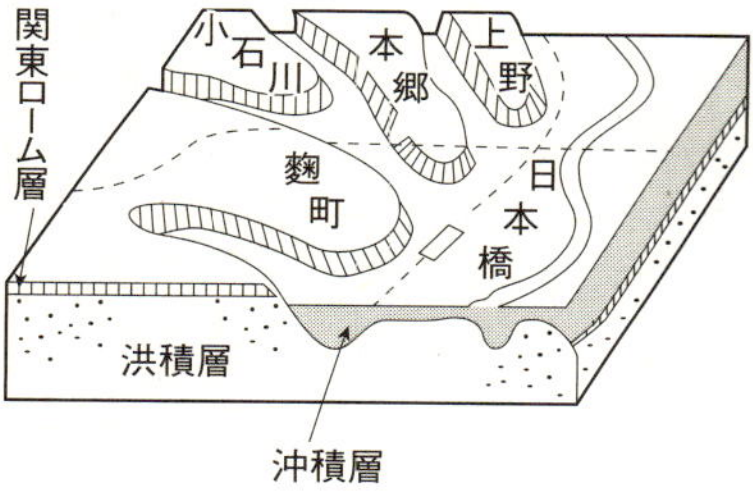

東京都心の地形・現代

地名は津波予知の暗号だ

民俗学者柳田国男《やなぎたくにお》は『地名の話』の中で、「地名とはそもそも何であるかというと、要するに二人以上の人の間に共同に使用せらるる符号である」とその本質を語っている。つまり、人が共同生活するには、地名が不可欠であるということだ。あるところで待ち合わせることになったとき、地名でいわないとその場所がイメージできない。しかもその地名で同じ場所をイメージすることが必須《ひっす》となる。違った場所をイメージしていたら、二人は落ち合うことさえできないからだ。

その意味で、地名は人間のコミュニケーションにとって不可欠な言語の一種とさえいうことができる。

さらに、地名の発祥についてこう述べている。

最初の出発点は、地名は我々の生活上の必要に基いてできたものであるからには、必ず一つの意味をもち、それがまた当該土地の事情性質を、少なくともできた当座には、言い表わしていただろうという推測である。官吏や領主の個人的決定によって、通用を強いられた場合は別だが、普通にはたとえ誰から言い始めても、他の多数者が同意をしてくれなければ地名にはならない。親が我が子に名を付けるのとはちがって、自然に発生した地名は始めから社会の暗黙の議決を経ている。従ってよほど適切に他と区別し得るだけの、特徴が捉えられているはずである。ところが現在の実際はどの地方に往《い》っても、半分以上の地名は住民にも意味が判らなくなっている。世が改まり時の情勢が変化して、語音だけは記憶しても内容は忘却せられたのである。

過去のある事実が湮滅《いんめつ》に瀕《ひん》して、かろうじて復原の端緒だけを保留していたのである。もう一度その命名の動機を思い出すことによって、なんらかの歴史の闡明《せんめい》せらるべきは必然である。だから、県内の地名はどのくらい数が多くても、やはり一つ一つ片端から、その意味を尋ねていく必要もあり、また興味もあるわけである。

この『地名の研究』が出されたのは昭和一一年（一九三六）のことなので、「東京市高低図」より後のことになる。いずれにしても、地名にはなんらかの意味が隠されており、さらにできた当座においては他と明確に識別できるものであったという指摘は重要である。

例えば、福島県に「二本松」という市があるが、その由来は中世の奥州探題・畠山氏の城に二本の霊松があったことによるとされる。これなどは典型で、二本の松がなかったら、絶対にこのような地名は生まれない。ところが、時を経ることによって「二本松」という実態は消えていくことがある。しかし、たとえその実態はなくなっても、「二本松」という地名は住民の意識の中に定着し存続していく。それが地名というものの醍醐味《だいごみ》である。

全国の地名調査をしていると、その土地に長く存続している地形が一生懸命自分をアピールしていることによく気づく。もちろん、こちらにそのテレパシーを受け止める受信機がないとだめなのだが、本書はその受信機を読者に提供しようとするものである。

約九〇年前の地図に記載された地名から、私たちは今の東京を見直し、さらに未来の東京を構想することができる。地名は未来に向けて何らかのメッセージを伝えているが、それは言葉を換えれば地名に託する暗号である。その暗号を現代に生きる私たちは一つ一つ解き明かしていく必要がある。

本書は、現代の東京人が忘れかけている土地の高低感を取り戻し、より安全で豊かな生活の実現に資することを目的としている。そのことによって、未来の東京を地震とその災害からどう護《まも》れるかのヒントが生まれるに違いない。

第３章　東京の低地地名からのメッセージ

「我は海の子」

戦前の文部省唱歌として親しまれてきた「我は海の子」は明治四三年（一九一〇）に文部省の『尋常《じんじょう》小学読本唱歌』で公《おおやけ》にされた。その一番はこんな歌詞になっている。

我は海の子白浪《しらなみ》の　さわぐいそべの松原に
煙《けむり》たなびくとまやこそ　我がなつかしき住家なれ

これは日本伝統の美しい浜辺を謳《うた》ったもので、日本人ならば、必ずどこかで歌い、共鳴してきた歌である。ちょっと難しい言葉としては「とまや」が出てくるが、「とまや」とは「苫《とま》」（菅《すげ》や茅《かや》で編んだもの）でつくった粗末な家のことである。

その昔、懇意《こんい》にしていただいた歴史学の教授が大学を退官するときの最終講義の演題が、「我は山の子」だった。その教授は私と同様に長野県出身で、あえてこのテーマを設定したのだった。歴史の世界をひもとくと、遠い神話の世界で、海幸彦と山幸彦が双方の道具を交換して逆の立場になってみるという話が残されている。

これは、海と山とのコントラストが日本の伝統文化形成に大きな役割を果たしてきたという意味で興味深いものがある。

日本人にとって、海とは豊かな恵みを与えてくれる美しい母のようなものだという観念が成立している。歌詞にもあるように、「白浪」とか「いそべ」「松原」など、古来美しいとされた日本の原風景である。そこには海・水と共生してきた日本人の生き方が投影されている。

東京の低地に広がる広大な地域にも、このような日本古来の原風景が残されている。これから紹介する下町の多くの地名、つまり「低地地名」には、そのような海・水と共生しようとしてきた人々のメッセージが温かく残されている。

だが、そこに水の恐怖とも闘わなければならないという新たな試練の時を迎えることになった。日本古来の美しい原風景を護るために、私たちは何をなすべきか。それに迫ってみよう。

海抜ゼロメートル地帯は沈没？

いきなり現実の話になって恐縮だが、そう遠くない将来に東京周辺で大地震が起き、その結果として巨大津波が東京を襲う可能性は決して低くない。３・11でも三メートル近い津波が東京湾を襲ったことを考えると、一〇メートル規模の津波が襲うことを「想定」しておかなければなるまい。

そのとき、まず念頭に置かなければならないのが、東京の下町一帯に広がる海抜ゼロメートル地帯である。何としてもこの地域をまず護る必要がある。

海抜ゼロメートル地帯とは、海岸付近で地表の標高が満潮時の平均海水面よりも低い土地のことである。全国的に海抜ゼロメートルの地域が広いのは、次の四都県である（地盤沈下防止対策研究会、一九九〇より）。

①愛知県…三七〇平方キロメートル
②佐賀県…二〇七平方キロメートル
③新潟県…一八三平方キロメートル
④東京都…一二四平方キロメートル

とりわけ愛知県が他を圧倒しているのは、濃尾《のうび》平野があるからである。濃尾平野は木曽川・長良《ながら》川・揖斐《いび》川が合流するいわゆる輪中《わじゅう》地帯を控《ひか》えているために突出した面積になっている。

東京都は面積こそ四位であるが、人口は一五〇万に及んでいる。他の三県は海抜ゼロメー

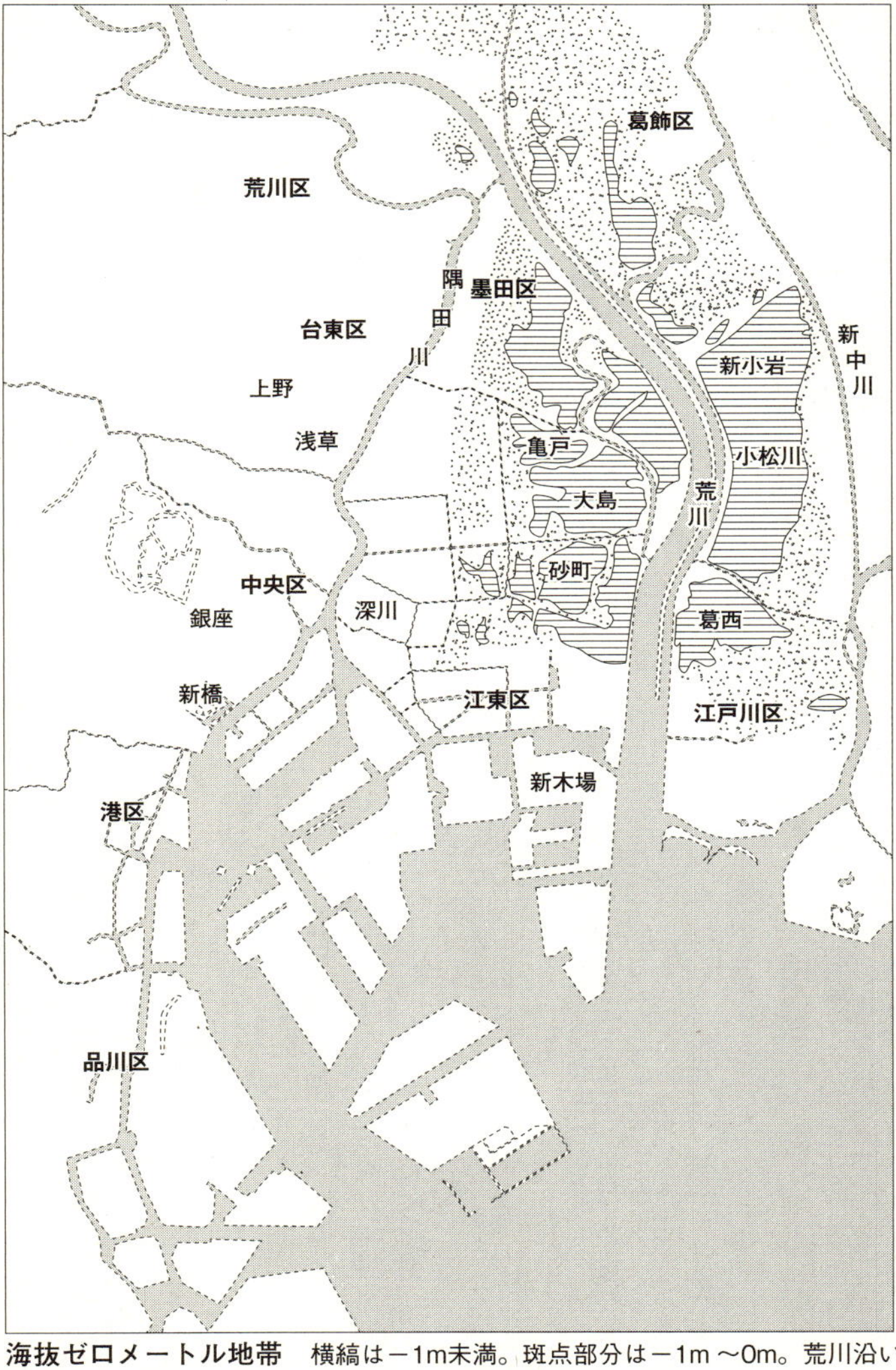

海抜ゼロメートル地帯　横縞は－1m未満。斑点部分は－1m ～0m。荒川沿いに広がっている（「デジタル標高地形図『東京都区部』」を基に作成）

トル地帯といってもそのほとんどが農村地域であり、多くは田んぼが占めている。それに対して、東京の場合はそのほとんどが家屋が密集した地域であり、いざ、そこに津波が流れ込んだら、一帯は完全に水没するかもしれないという地域なのである。

海抜ゼロメートル地帯を示したのが前頁図である。

江東区・墨田区・江戸川区・葛飾《かつしか》区の広範囲にその地域は広がっている。横縞で示している地域が「マイナス一メートル未満」の地域である。つまり、平均海水面より一メートル以上低い地域である。後で示すように江東区の砂町《すなまち》にはマイナス四メートルといった地域もある。斑点で示しているのは、「マイナス一メートル以上ゼロメートル未満」の地域である。これを見ると、四つの区域のほぼ半分を占める地域が海抜ゼロメートル地帯ということになる。

これをわかりやすくいうと、このゼロメートル地帯はすでに水深〇〜四メートルの巨大な湖であり、周りは川や海で取り囲まれ、その堤防が水の流入を防いでいるおかげで辛《かろ》うじて通常の生活が営《いとな》まれているということである。逆にいうと、その堤防が決壊すると、この地帯は何メートルもの水に浸《つ》かってしまうことを意味している。

もともとこの地帯は明治の頃までは水田が広がっていたところで、住宅地として利用されていたわけではなかった。東京が発展拡大する中で、総武線、常磐線が敷かれ、水田が宅地化され、商業地域も広がってきた地域である。

「砂町」のゼロメートル地帯を歩く

海抜ゼロメートル地帯の中でも特徴的といわれる江東区の「砂町」を歩いてみた。この「砂町」という町名もいかにも浜辺に近い低地というイメージを漂わせている。砂は浜辺の美しさを代表するもので、「白砂青松《はくしゃせいしょう》」などといわれる。「白い砂」と「青い松」の取り合わせこそ、浜辺の美しさのシンボルなのである。

この「砂町」は江戸時代に開発された「**砂村新田**」（六六頁地図下端）に由来するとされている。万治《まんじ》二年（一六五九）に相模《さがみ》国三浦郡（今の三浦半島一帯）の砂村新四郎がこの地に新田を開発したのが由来とされてきた。その後若干の異説が現れ、新四郎に与えられたものであるとか、当地が海浜の砂地であったことから砂村新田と命名されたなど、定説はない。だが、かりに「砂村」という人物がからんでいたにせよ、この地が「砂地」であったことは事実で、そこから「砂村」という地名が生まれたことは間違いない。

明治二二年（一八八九）に砂村新田を含む周辺の新田が合併されて「砂村」となり、大正一〇年（一九二一）に「砂町」が成立した。

地下鉄東西線の「南砂町」駅で下車すると、駅前の道路は微妙に坂道になっている。駅の標高はマイナス一メートル。坂道を下っていくとマイナス二メートルに到達する。この地域ではやや高くなっている地下鉄の出口そのものが海抜ゼロメートル地帯になってしまっている。この地に津波が押し寄せたらと考えると、かなり恐怖を覚えることは確かだ。

歩いていて不思議な電柱上のリングを発見（次頁写真）。それは地盤沈下をわかりやすく表した標識であった。

地上約一メートルの位置にあるのが「干潮時海面」である（写真の①）。つまり、この地は干潮時の海面の水位よりも約一メートルも低いということになる。その上にあるのは「平均海面」の水位で（②）、そこから見てもここは約二メートル、さらにその上の「満潮時海面」（③）からは約三メートルも低くなっている。

そのすぐ上のやや大きなリング（④）は、大正七年（一九一八）時の地盤表記で、言い換えればこの地は大正七年と比べると三メートル以上沈下していることになる。

そのさらに一メートルほど高い地点（⑤）は昭和二四年（一九四九）の台風による高潮の高さ、それからさらに一メートルほど高い地点（⑥）は大正六年（一九一七）時の台風による高潮を示している。

そして最も高い地点、およそ七メートルのところにある標識（⑦）は、現在の堤防の高さを指している。言い換えれば、荒川の堤防が決壊すれば、この地点まで水に沈む可能性があるということである。

地盤沈下の原因は、戦後の高度経済成長期に、天然ガスの採掘や工場で使用するために大量の地下水を汲み上げたことにあるといわれている。

地盤沈下の標識（地下鉄東西線「南砂町」駅付近）

今は地下水の汲み上げも止まり、地盤沈下そのものは収まっているようだが、とにかく今も水の恐怖から抜け切れているわけではない。

江東区—亀戸・大島・深川

先に挙げた「砂町」は江東区の代表的な低地地名だが、それ以外の江東区の地名を見ておこう。

「江東区」は多分史上最も発展した区であるといっても過言ではない。次々頁に掲載した地図は明治の中頃に出された「迅速測図」である。この地図に示されているのは深川と呼ばれた**門前仲町**《もんぜんなかちょう》から木場、亀戸あたりであるが、今はその後の埋め立てで夢の島、新木場、そして新しい市場の建設が予定されている豊洲《とよす》、さらにはゆりかもめの新名所として若者たちの聖地となっている「お台場」も江東区のエリアである。

「江東区」は戦後の昭和二二年（一九四七）に「深川区」と「城東区《じょうとう》」が合併されてできた区である。「江東」とは隅田川（江）の東に位置するという意味だが、一方で「江」とは「深川」、「東」は「城東」を意味するという区の見解もある。両者をうまくつなげた解釈だと考えればいい。

ご覧いただくとわかるように、当時の街並みは**木場**あたり（地図では、海岸近くに、木材用の四角い池が多く見られる）が東の町外れであって、その東はずっと「新田」が続き、東京の町からどんどん東に集落が移っていったことがよく理解される。

例えば、「○○出村」という地名が点在していることに注意されたい。「**亀戸村**」があって「**亀戸出村**」、「**深川**」があって「**深川出村**」があるというように、「出村」は本村を離れて新しく開発した村を意味している。

明治時代すでに存在した地名がいかに水にちなんでいるかを紹介しておこう。

「**亀戸**」＝文字通り、亀の形に由来するが、少し説明を要する。この地は昔海の中の孤島であって、その島の形が亀に似ていたところから「亀村」と称されていたが、やがてこの村に「井戸」が発見されて、「亀井戸」となり、それが省略されて「亀戸」となったというのが定説になっている。

ここにある亀戸天神社は東京十社のうちの一つで、一般には広く「亀戸の天神様」「亀戸天満宮」と呼ばれている。もともとは太宰府の天満宮が本家で、太宰府天満宮の神職であった大鳥信祐《のぶすけ》が菅原道真《すがわらのみちざね》公の像をつくって安置したのが始まりだという。境内からは東京スカイツリーが手にとるように見える。また藤棚が有名で、四月の下旬から五月の上旬には多くの見物客で賑《にぎ》わう。

「**大島**《おおじま》」＝また地域には当然のことながら「島」地名が多い。現在も「大島」という町名が

◀**江東区**（「迅速測図」2万分の1の実寸で表示。以下同。なお、本文に出てくる主な地名は、枠で囲んである）

柳島村
亀戸村
本所區
北松代町
五ノ橋町
道
街
深川出村
小名木村
羅漢寺
毛利新田
大島村
深川區
下大島町
八右衛門新田
久左衛門新田
亀高村
萩新田
治兵衛新田
國
千田新田
永代新田
大塚新田
妙久寺
持宝院
稲荷祠
郡
石小田新田
平井新田
稲荷祠
衛門新田
砂村新田
八幡祠

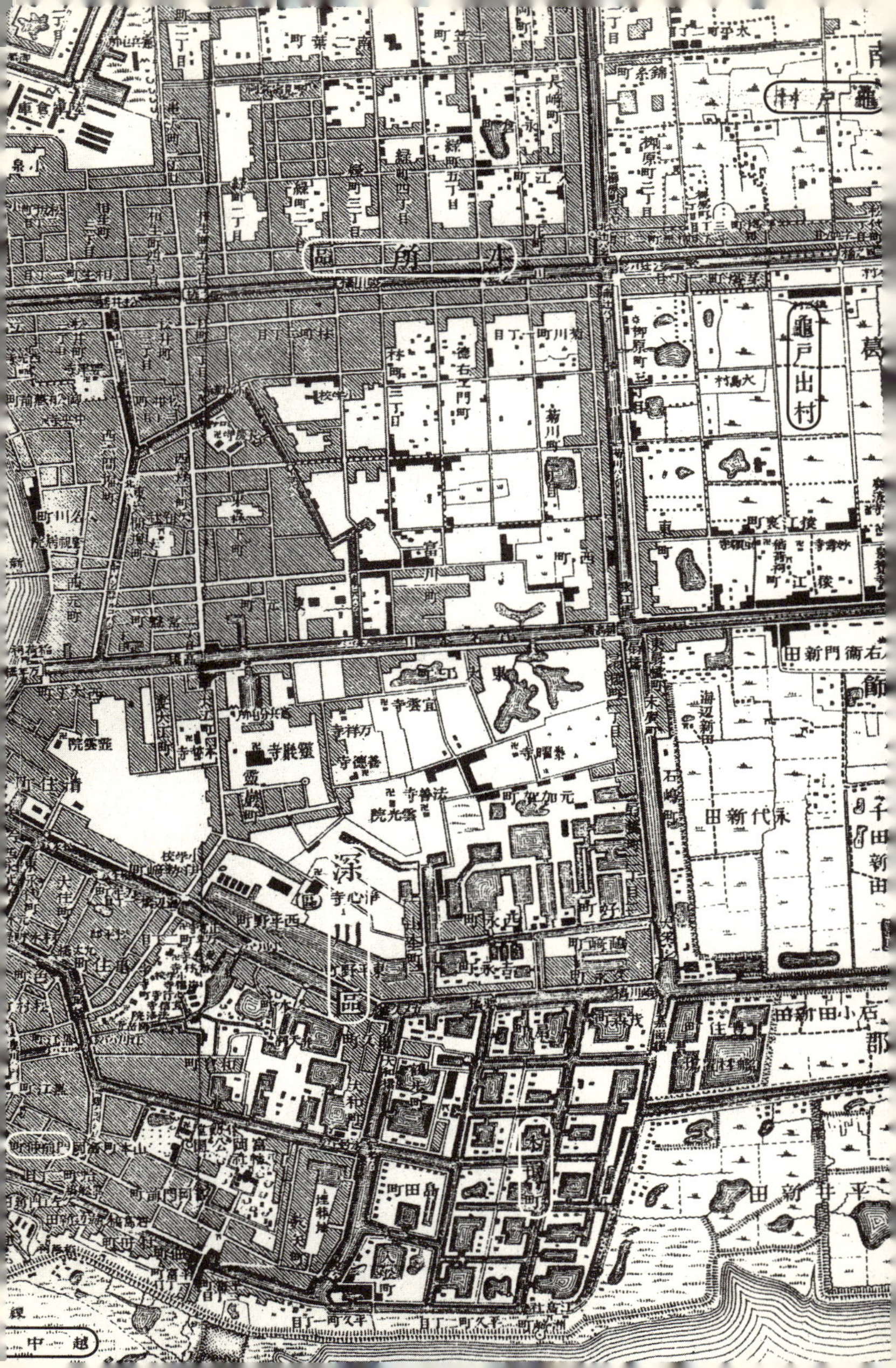

本所區
深川區
龜戸村
龜戸出村
大島村
永代新田
海辺新田
平井新田
千田新田
石小田新田
右衛門新田
緑町
錦糸町
柳原町
菊川町
富川町
霊巌寺
浄心寺
法善寺
万祥寺
善徳寺
宜雲寺
霊光院
元加賀町
清住町
西平野町
大和町
島田町
越中

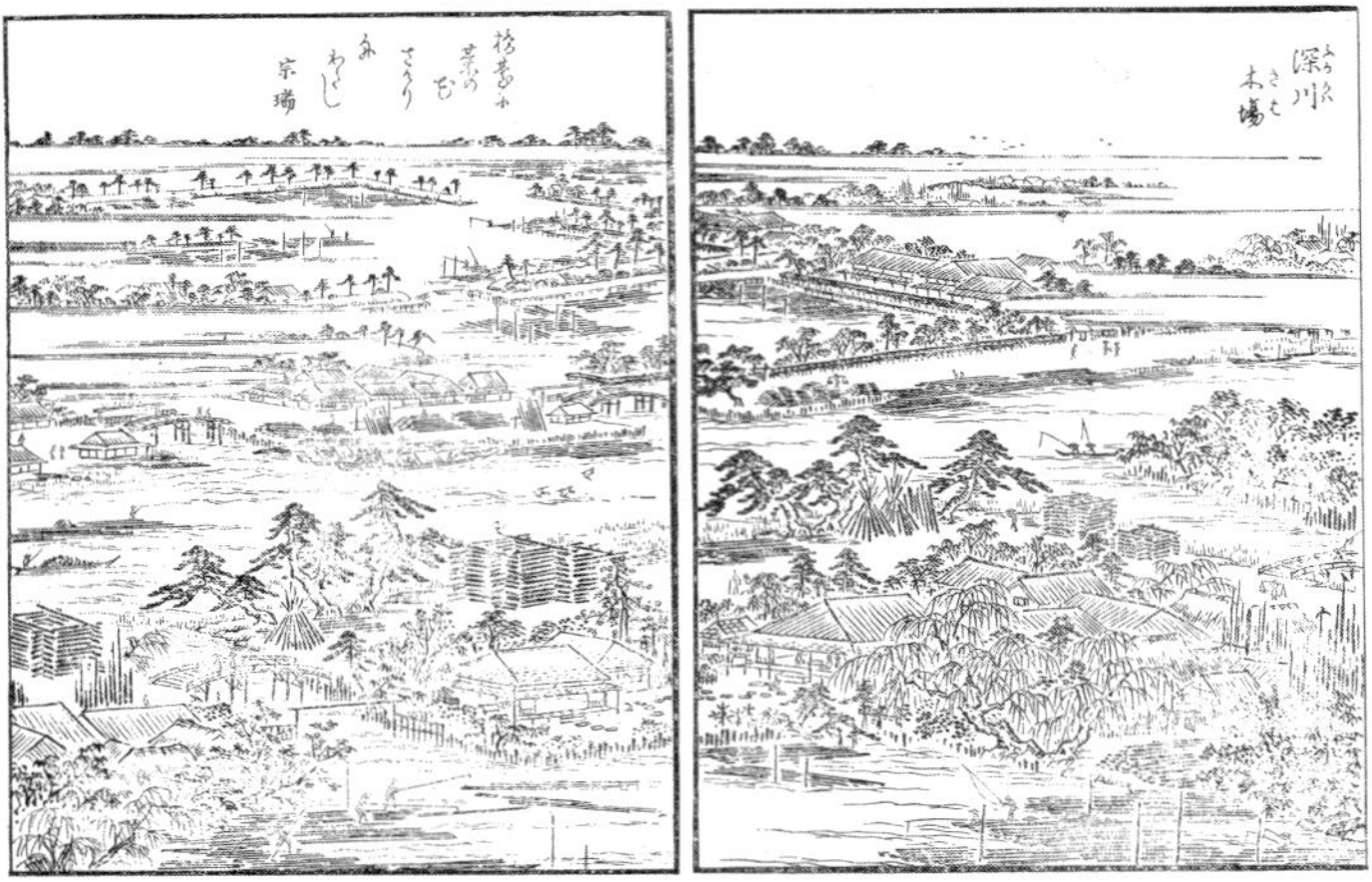

江戸情緒を育んだ深川・木場（『江戸名所図会』）

残っているが、これは文字通り大きな島があったことによるものと考えられる。その他に「**柳《やなぎ》島《しま》村**」「**越中嶋《えっちゅうじま》**」などの島地名が散見される。

「**深川**」＝これは「江東区」の前身区の名前だが、今でも江戸情緒を示す言葉として愛されている。この「深川」という地名も意味深である。「深い川」というのはいかにも水に関連しているからだ。深川の発祥は江戸の初期までさかのぼる。この地を埋め立てて開拓したのが深川八郎右衛門という人物であった。あるとき、家康が視察に来た際、「ここは何という土地なのだ」と聞いたところ、八郎右衛門は「まだ埋め立てたばかりで名前はありません」と答えたという。すると、家康は「然《しか》らば汝《なんじ》が苗字《みょうじ》を以て村名となし、起立せよ」といったので、「深川」となったのだという。

これは先に紹介した「砂村」と同じ理屈だが、家康はこの土地を見て「深川」と称するよう命じたのだとも考えられる。

墨田区──押上・曳舟・向島

墨田区は今、東京だけでなく日本中から最も注目を集めている地域である。いうまでもなく、東京スカイツリーのおひざ元で、今後最も発展が期待されている町でもある。

地図で示すように、昔は「墨田」ではなく、「隅田」を用いていて、「**隅田村**」とある（次頁地図の上部左端付近）。現在の「隅田川」と同じである。ということは「墨田区」の区名を「隅田」から「墨田」に変えたということになる。

その理由はいたって単純で、昭和四〇年（一九六五）それまであった「隅田町」「**寺島**」「吾嬬町」のそれぞれの一部を合併したときに、「隅」という文字が当用漢字になかったために、「墨田」としたという。果たしてこれがよかったのか、若干疑問が残る命名である。

戦後の昭和二二年（一九四七）に新しい区制度を制定するに当たり、「向島区」と「**本所区**」が統合されることになり、「墨田区」としたことがその背景にあった。

私の見解では、「隅田」「墨田」は「澄田」であった可能性もある。尾張国の一宮として知られる神社は「真清田《ますみだ》神社」と呼んでいる。神社には清らかな水の流れがふさわしく、この

◀**墨田区**（「迅速測図」）

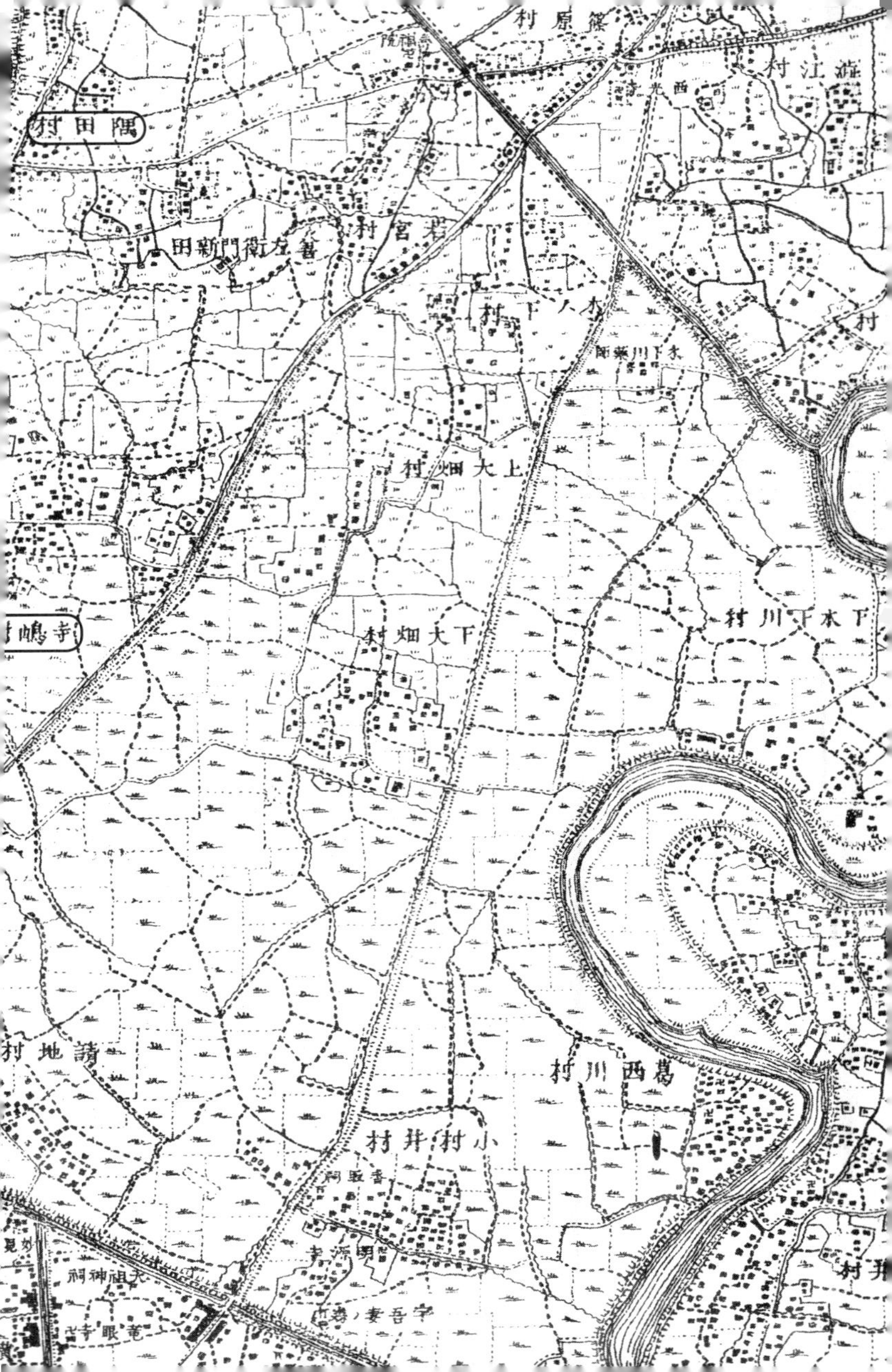

篠原村
渋江村
隅田村
西光寺
若宮村
善左衛門新田
木ノ下村
木下川薬師
上大畑村
下大畑村
寺嶋村
下木下川村
請地村
葛西川村
小村井村
香取祠
吾妻ノ森
大祖神祠
竜眼寺

西光寺
火葬場
三ノ輪村
浄閑寺
龍泉寺村
隅田村
水神祠
葛飾郡
総泉寺
白鬚祠
橋場町
五十間町
揚屋町
新吉原
京町
角町
新鳥越町
長昌寺
勝雲寺
今戸町
寺島村
亀岡町
佐久間町
須崎村
長命寺
三囲祠
中ノ郷村
浅草寺
公園
伝法院
馬道町
花川戸町
新小梅町
枕橋
小梅村
吾妻橋
東仲町
茶屋町
西仲町
八軒町
業平橋
業平町
原庭町
押上村
松倉町
本所区
真盛寺

神社の場合、近くを流れる木曾川の清流になぞらえて「真清田神社」と呼んできた。

この例に倣えば、かの「隅田川」は「隅を流れる川」という意味ではなく、「澄田《すみだ》川」であった可能性もある。このほうがずっと美しい。

墨田区のすぐ西隣はもう浅草であり、**浅草寺**の由来を見てもこれが「清らかな川」であったことは疑いのない話である。

ところが、「墨田区」の命名の理屈として、「隅田川」の「田」と江戸時代広く江戸っ子に人気のあった墨堤の「墨」をとって「墨田区」にしたとの説もある。しかし、「墨」というイメージはなんとなく「暗い」イメージがつきまとっていて、それほどいいとは個人的に思わない。やはり「澄田区」が好印象でいいのではないか。

「**押上**《おしあげ》」＝「押上」という地名は現在でも駅名としても残っており、墨田区では代表的な地名である。由来ははっきりしてはいないが、堆積された土砂によって陸地化していく様子から生まれたのではないかといわれている（前頁地図右下付近）。

「**曳舟**《ひきふね》」＝これも象徴的な地名である。昔は物資などを運ぶのに舟を使ったのだが、少し上流に行くと遡上することが困難になり、川の両側から綱で引っ張って遡上させるということが行われた。その行為そのものを「曳舟」といい、またそれが地名として残されたのである（前頁地図にはないが、寺島村のすぐ南付近）。この墨田区の川が上流とはいえないが、何ら

角田河の渡　在原業平の歌が添えられている（『江戸名所図会』）

かの目的のために舟を曳いたものと考えられる。

「向島《むこうじま》」＝これもこの地を象徴する地名である（九三頁地図右端中央付近に、**向島小梅町**とある）。昔江戸の町は隅田川までであり、この墨田区は「川向こう」であり、そのために「向島」と呼ばれた。これに似た地名はいくつかある。旧制一高が「向ヶ丘」にあったのは、上野の山から見て不忍池の向こうにあったからである。

四月の初めになると、隅田川沿いの墨堤に植えられた桜がものの見事に咲き誇る。江戸の自慢の一つである。もとは四代将軍家綱《いえつな》の命で植えられたのがきっかけとされるが、本格的になったのは八代将軍吉宗《よしむね》が一〇〇本の桜を植樹させ、さらに翌年桜、桃、柳などを一五〇本植えさせたところからである。

西宇喜田村
二ノ江村
南
下今井村
桑川村
長島村
長島村飛地
東宇喜田村

向島は昔から花街として知られるが、今でも高級な割烹《かっぽう》が軒《のき》を連ねている。また、由緒ある寺院が連なっており、それらは隅田川七福神として親しまれている。水とは切っても切れない縁があり、夏の隅田川の花火には数十万もの人々で賑《にぎ》わう。江戸文化の要《かなめ》の一つである。

江戸川区―宇喜田・一之江・小松川

江戸川区は地図（前頁及び次頁）でご覧のように、明治の中頃はまったくの田園地帯であった。田んぼの中に集落が点々としてつながる土地であった。「江戸川区」の由来は、いうまでもなく、ここを流れる川の名にちなんでいる。昭和七年（一九三二）、旧南葛飾郡小松川町・松江町・小岩町・葛西《かさい》村・瑞江《みずえ》村・篠崎《しのざき》村・鹿本《しかもと》村の三町四ヵ村が合併して江戸川区は成立した。「江戸」という地名が残っているのは、この江戸川区だけであり、それだけでも大切にしたい地名である。この江戸川区にも多くの水にちなんだ地名が残存する。

「**宇《う》喜《き》田《た》町**」＝地図上では「**東宇喜田村**」「**西宇喜田村**」とある。これはこの地を開発した宇《う》田《だ》川《がわ》喜《き》兵《へ》衛尉定氏《えのじょうさだうじ》とその子喜兵衛定次《さだつぐ》の名に由来するとされている。「宇田川」の「宇」と喜兵衛の「喜」をとって「宇喜田」としたというのである。しかし、この地は江戸川河口の最も落ち着かない地盤のところで、「浮田」とも表記されたことを見ても、「浮いた田」の

▶**江戸川区**［東宇喜田村・西宇喜田村付近］（「迅速測図」）

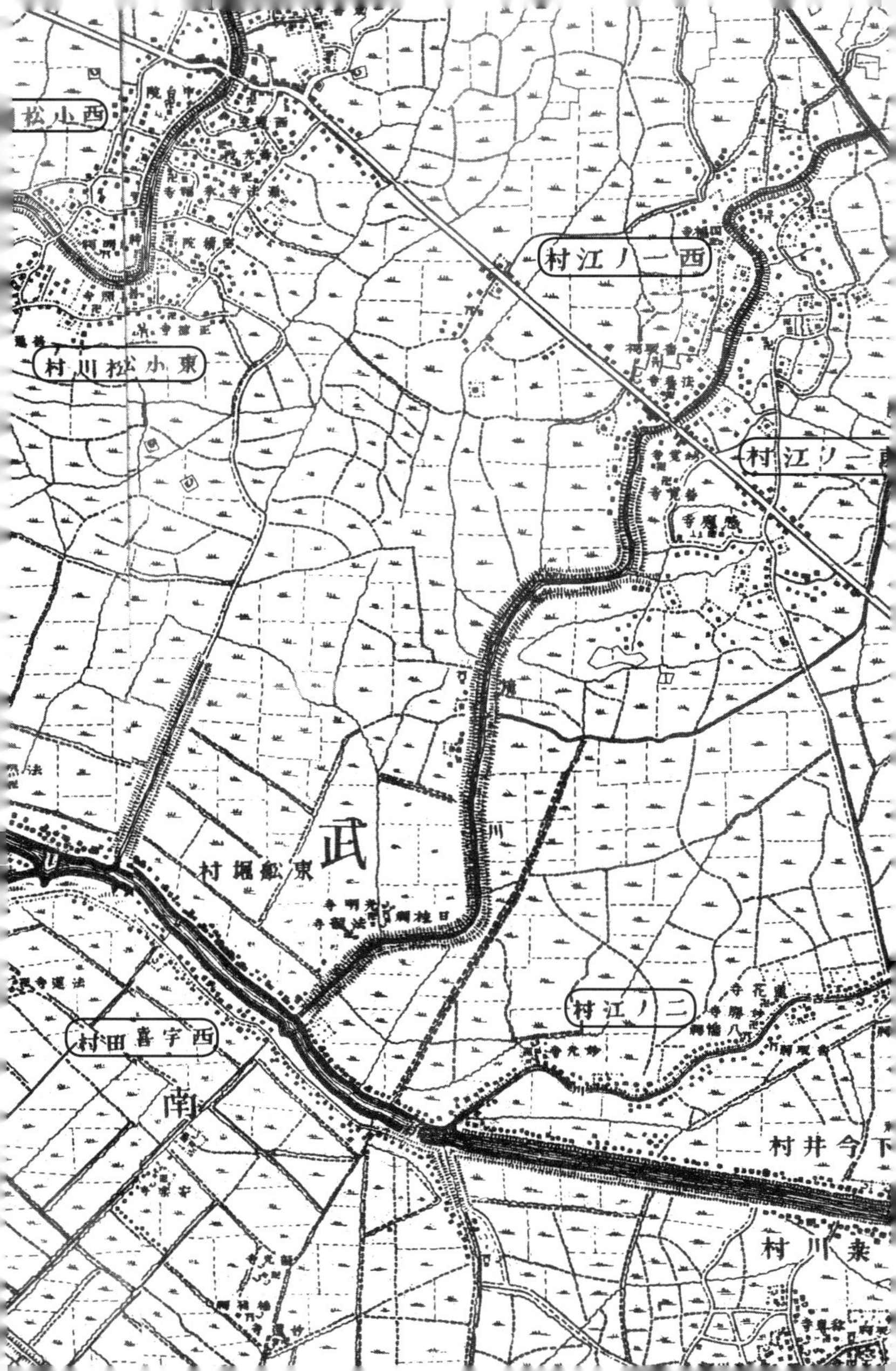

西小松
西一ノ江村
東小松川村
一ノ江村
武
東船堀村
二ノ江村
西宇喜田村
南
下今井村
桑川村

意味と解するほうが正しい。

「**一之江**」＝都営地下鉄新宿線に「一之江」駅がある。地図上では「**東一ノ江村**」「**西一ノ江村**」があり、関連して「**二ノ江村**」がある。ここは川沿いの入り江に開発された新田でやはり水に関連する地名である。ここには「一之江名主屋敷」という江戸時代の必見の建物が残されている。ここの新田開発をした田島家の建物である。

「**瑞江**」＝同じ地下鉄新宿線に「瑞江」駅がある。大正二年（一九一三）に南葛飾郡旧瑞穂村と旧一之江村が合併して「瑞江村」とした。合成地名であり、この地図（明治中頃）には当然のこととして載っていない。「瑞々しい初穂」にちなんでつけたものである。

「**小松川**」＝今はそのルートがはっきりしないが、地図で「**東小松川村**」「**西小松川村**」が確認できるように、「小松川」という川沿いにできた村名である。江戸川区では「一ノ江村」と並んで大きな村であったことがわかる。その下流域で栽培され有名になったものが「小松菜」である。

葛飾区の低地地名―柴又・亀有

最後に葛飾区だが、これは少し難しい。とにかく歴史が古く簡単に述べる以外にない。葛飾区は今は東京都だが、もともとは下総《しもうさ》国葛飾郡であった。下総国の国衙《こくが》は今の千葉県の市

◀**葛飾区**［柴又、亀有付近］（「迅速測図」）

▶**江戸川区**［小松川〜二ノ江付近］（「迅速測図」）

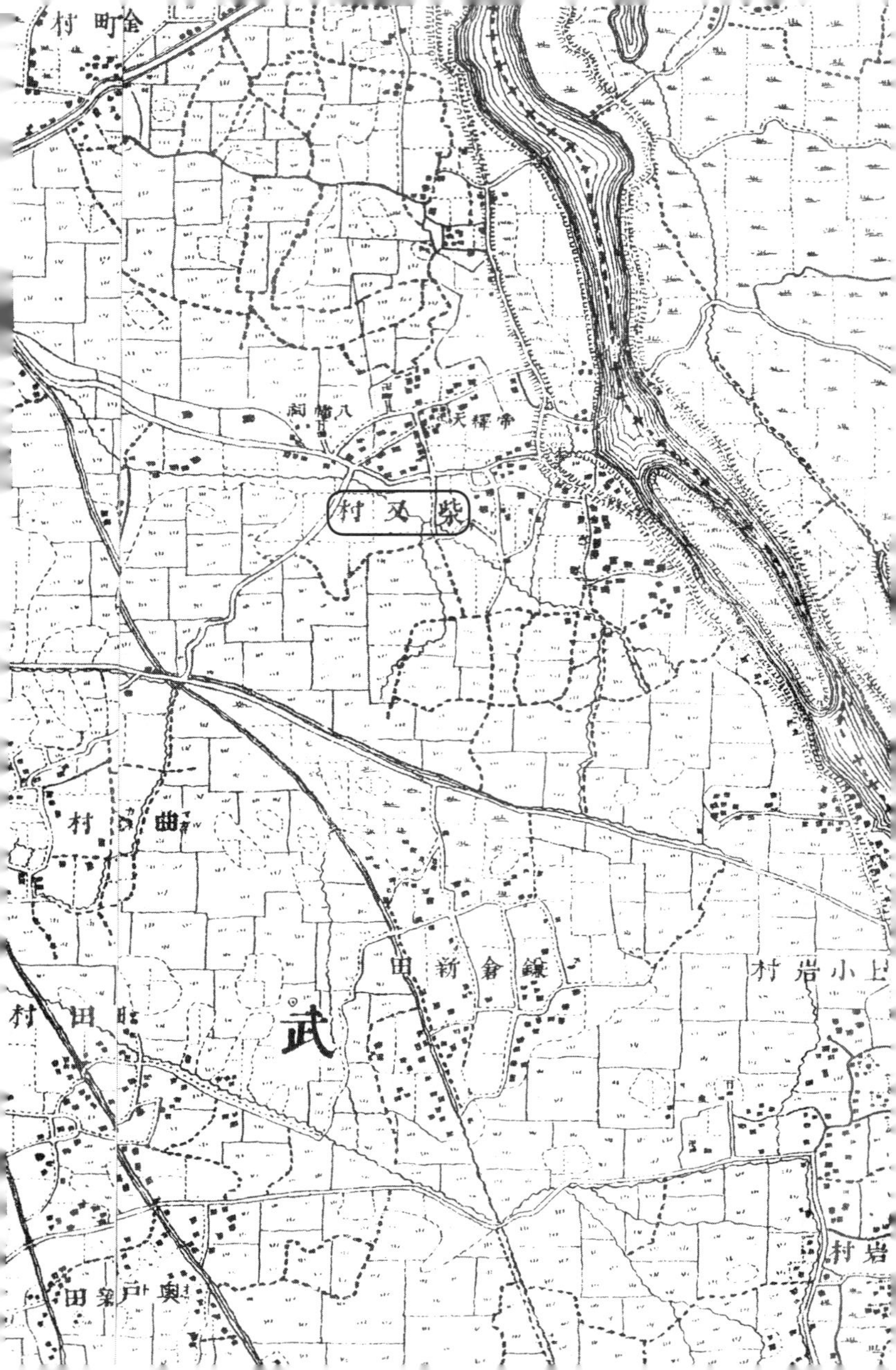
金町村
八幡祠
帝釋天
柴又村
鎌倉新田
上小岩村
武

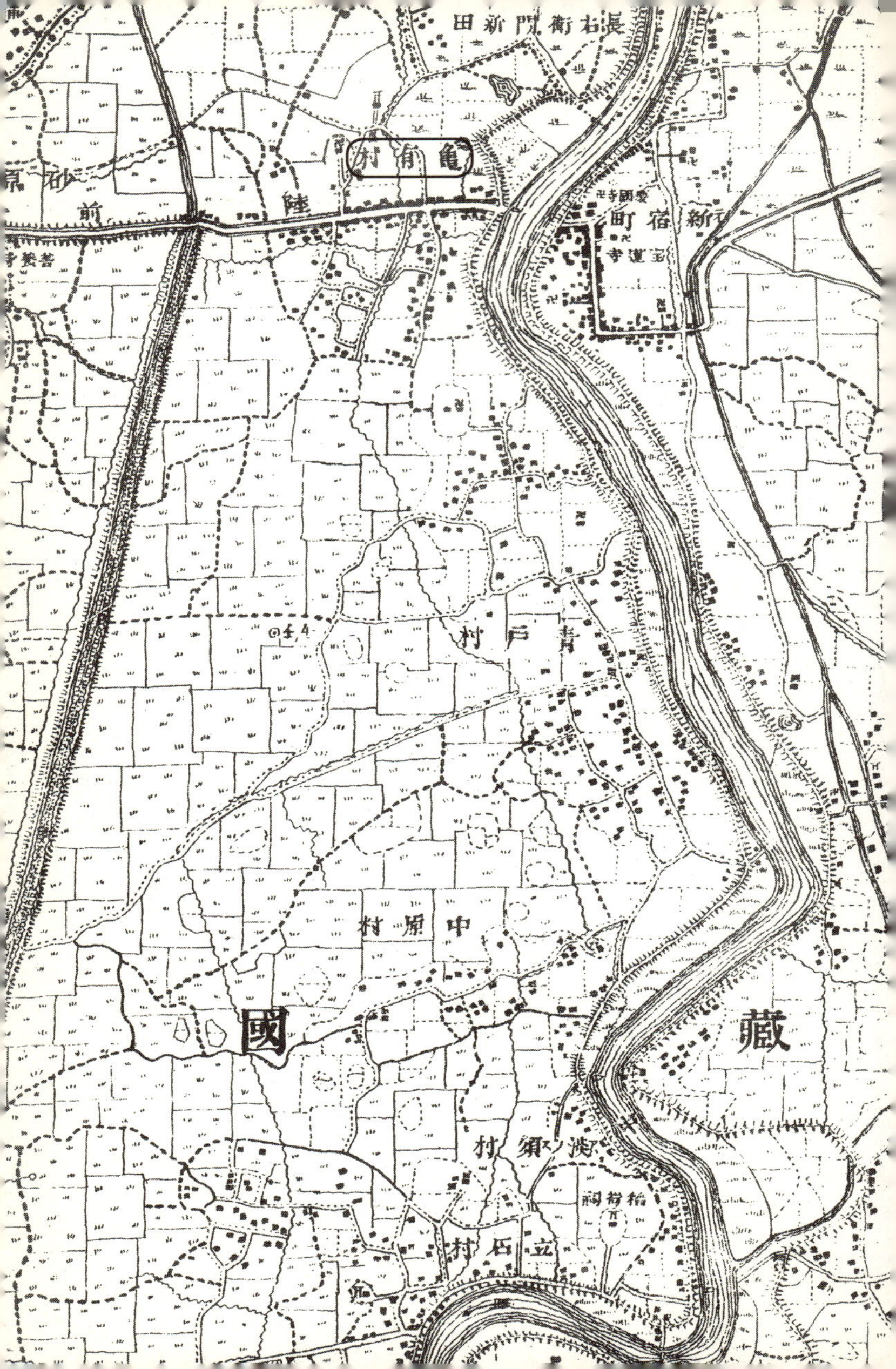
長右衛門新田
亀有村
新宿町
宝蓮寺
青戸村
中原村
國
藏
稲荷祠
立石村

川市の国府台《こうのだい》にあったことからわかるように、もともとの葛飾郡は今の千葉県のほうが本拠地であった。今でも千葉県の市川市・松戸市・船橋市・柏市などの一帯は「東葛飾」、簡略化して「東葛《とうかつ》」地方と呼ばれている。

江戸時代には幕府の直轄領となり、葛飾区が東京府の管轄になったのは明治四年（一八七一）のことである。

地名の由来は「葛《くず》」が繁茂していたところというのが通説になっている。

「柴又」＝寅さんで有名な帝釈天《たいしゃくてん》のある下町情緒たっぷりの町で、多くの観光客を集めている。「柴又」はかつては「嶋叉」であったというのが定説で、かつては水が島を避《よ》けるように流れていたという地形を暗示する地名である（前々頁地図中央やや上付近）。明治以前は今のような高い堤防で川を閉じ込めることはせず、川があふれることを前提に治水を行っていた。その名残と考えていい。

帝釈天につながる参道は、たぶん東京でもトップにランクされる情緒ある街並みである。寅さんの映画で一躍有名になった感があるが、とにかく楽しい散歩道である。帝釈天は正式には題経寺《だいきょう》という日蓮宗のお寺である。寛永六年（一六二九）中山法華経寺（千葉県）の日忠上人《にっちゅう》が草創《そうそう》したといわれる。もともと「葛飾柴又」といわれるだけあって、今の千葉県の東京寄りの一帯と同じ下総国のうちであった。

帝釈天の裏にある江戸川の堤防はよく映画で映されたところだが、堤防の上からは千葉県側に渡る「矢切《やぎり》の渡し」が観光客を運んでいるのがよく見える。

しかし、帝釈天も堤防が切れると一気に濁流《だくりゅう》に呑み込まれる危険な場所にあることは事実だ。

「**亀有**《かめあり》」＝秋本治のマンガ『こちら葛飾区亀有公園前派出所』で一躍有名になったところだが、やはり水にちなんでいる（前々頁地図上部中央）。もともとは「亀無」「亀梨」とも書かれていたが、江戸時代の初期に国図を作成するに当たって「無」は縁起が悪いので「有」に変えたというのは有名な話。「なし」はもともと「成す」で、「……のような」という意味に解釈できる。例えば「緑なす黒髪」といえば「緑のような黒髪」という意味になる。

すると、「亀なし」は「亀のような形をした」という意味になり、「嶋叉」と同じ意味になる。水に浸かると土地の高いところだけが「亀」の甲羅《こうら》のように出るという意味である。

地名でわかる液状化現象

液状化現象とは、通常は砂の粒子がかみ合って安定しているところに地震の揺れが加わることによってかみ合いが外れ、砂の粒子が水の中に浮いた状態になる状態を指している。現象としては地中から泥水が噴き出したり、砂が噴き出したりして、地盤が大きく緩んでゆが

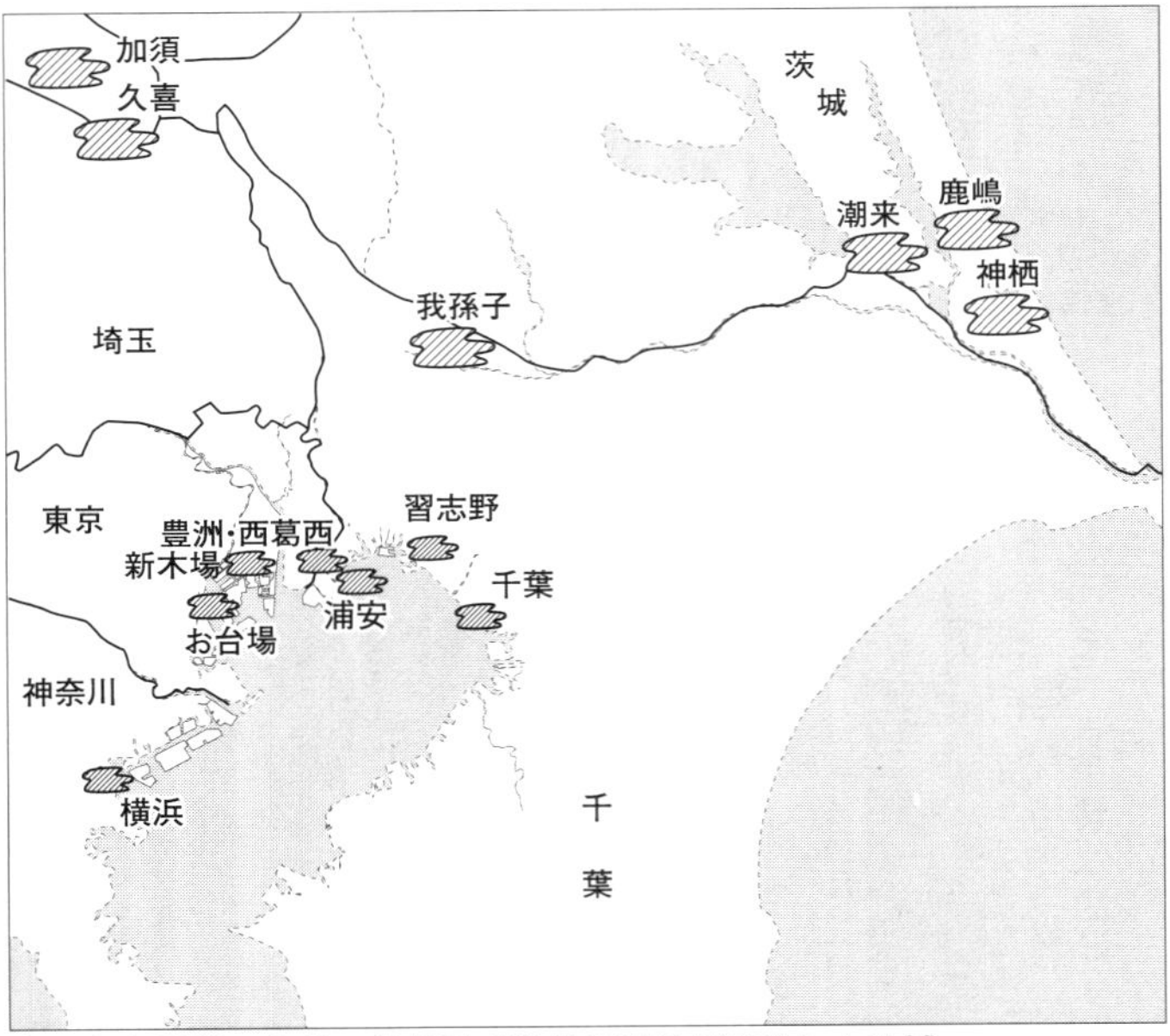

東日本大震災により、首都圏で液状化現象が発生した地域

み、時にはマンホールの蓋が飛び出したりもする。

液状化の被害を受けると水道やガスなどのライフラインが寸断され、復旧には長い時間がかかる。そして何よりも怖いのは住宅などが傾いて、その復旧には長い時間と高いコストが必要になるということである。

今回の東日本大震災で首都圏のどこで液状化現象が発生したかを示したものが前頁図である。

これを見てわかることは、液状化が発生した地域にははっきりした特徴があることだ。これさえ押さえておけば、そう無闇《むやみ》に心配することはない。その特徴とは次の三つである。

①海岸の埋立地…千葉県浦安市・千葉市、東京都江東区豊洲
②かつての川や沼…利根川流域、江戸川流域、荒川流域
③干拓地…霞ヶ浦周辺

これは発生した割合の多い順なので、やはり①の海岸の埋立地がいちばん被害が大きかったことになる。それに比べれば、河川の跡などはそれほど大きいとはいえない。

液状化現象が発生する条件は、これもはっきりしている。それは次の二つである。

（1）「砂」の地盤で緩く堆積している

土質というのは通常粒子の大きさによって「砂」「シルト」「粘土」の三つに分類されている。その大きさは地質学では以下のように決められている。

「砂」＝直径二〜一六分の一ミリメートル

「シルト」＝直径一六分の一〜二五六分の一ミリメートル

「粘土」＝直径二五六分の一ミリメートル以下

これで液状化の目安はおおよそのところ、見当がつく。「砂」の地盤でできている地域がいちばん危ないことになる。山地や台地ではまず液状化はあり得ない話である。田んぼの土は通常「砂」ではなく「シルト」と「粘土」の間に位置するので、田んぼだからといって不安に思うことはない。

心配な方は、住んでおられる土地が直径二〜一六分の一ミリメートルの「砂」でできているかを調べればすぐわかることである。

ちなみに「砂」とは「沙」とも書き、音を変えれば「まさご」「いさご」「すなご」ともいう。だから、これらの音の地名のところは危険である可能性がある。例えば千葉市美浜《みはま》区に

「真砂《まさご》」という町名がある。この「美浜区」は戦後の埋立地で今回の地震でも大きな被害を受けたところである。「砂子」などという町名も要注意である。

(2) 地下水面が浅い

「砂」の地盤であるところに、もう一つの条件が揃うと、液状化を受けやすいことになる。それは地下水面が浅いことである。もうご理解いただけたように、液状化は砂地で水分を多く含んでいる地盤のところに揺れが加わると発生する。いうまでもなく、その典型は東京湾などに戦後造成された埋立地である。

今回液状化が発生した東京湾沿岸の地域は、安田進・東京電機大学教授らの調査では約四二平方キロメートルで、阪神・淡路大震災の一〇平方キロメートルの四倍以上の広がりを見せている。これは山手線内の面積の三分の二に相当する広さである。

液状化現象が発生しやすい地域は「砂地」であることと、海辺や川べりの水分が多い地域であることが理解いただけただろう。そう考えてくると、液状化現象が起こりやすい地域の地名がよりよくわかってくるだろう。

「砂」や「浜」がつく地名の地域は液状化が起こる可能性がある。もちろん必ず起こるとはいえないが、その可能性はあるということで、チェックされたほうがいいだろう。

今回の地震で最も大きな被害を受けた千葉県浦安市は、東京ディズニーランドで世界的に知られたところである。その地名は「舞浜《まいはま》」という。浦安市は全体の四分の三が埋立地といわれるが、この「舞浜」も昔は海だった。フロリダの「マイアミビーチ」にちなんで、ここを「舞浜」と名づけた。当時はもちろん液状化現象などは意識せず命名したもので、新しいリゾート地として大いにもてはやされたものである。

今まで海だったところに、「舞浜」といった何やら美しい名前の町ができたために、多くの人々が浦安に住もうと殺到した。五〇坪の建売住宅が一億もするという高級住宅地が広がっていった。それも「舞浜」という美しい地名にひかれてのことだった。

ところが、この地に代表される埋立地は、東京湾の浚渫《しゅんせつ》で出た土砂をそのまま埋め立てたために、あくまでも「砂地」である。さらに地下水の水位も高く、液状化を生む条件は揃っていた。

千葉市の「美浜区」も同じ条件であった。しかもこの「美浜区」には、先に述べたように「真砂」というまさに「砂」そのものを意味する町名があり、そこが液状化に見舞われてしまった。

とすると、液状化の起こりやすい地名とはかなりはっきりしていることがわかる。先に紹介した江東区砂町でも、海寄りの地域では液状化が起こったということを砂町の交番で聞いた。

水と親しんだ文化を護れ

以上、東京下町の四つの区の低地地名を紹介したが、これらの地区を津波が襲うと、海抜ゼロメートル地帯はいずれも大きな被害を受けることになる。

下町の地名のメッセージは、単に江戸の文化を育んだというだけでなく、昔の人々が川を愛し、水を愛し、その風景を大切に思う心を持続してきたことに意味がある。

そのような重要な地域を津波から護るにはどうしたらよいか。それを考えることが次の課題になる。

現在の東京都のウオーターフロントは、高さ約四メートルという堤防で高波や高潮を防ぐことになっている。これを超えたら海抜ゼロメートル地帯は水没する。まして地震で堤防が決壊することになれば、それだけでも下町は冠水することになる。

とにかく、今の東京都には洪水用のハザードマップはあるが、津波用のものは島嶼《とうしょ》部を除いて作成されていない。早急に対策を講じてほしい。下町には日本の伝統的な文化遺産が多く残されている。下町の人々の命とその文化遺産を護るのが私たちの課題である。

第４章　東京都心部の危険地名からのメッセージ

江戸の町づくり

東京都心部は江戸の町づくりで人工的につくられた町である。江戸城を中心に「の」の字形に右回りに町が整備されていったとよくいわれるが、城下町はどこでもそうであったように、城郭と武家地と町人地、そして寺社地に分けてつくられた。

城郭とは外堀の内側までの一帯のことで、通常それを「丸の内」という。もちろん、この「丸の内」には主要な大名の屋敷が置かれた。

これを現在の位置で示しておこう。いちばんわかりやすく説明する。東京駅は「丸の内」側と「八重洲」側に分かれることは周知の事実。「八重洲」という地名は家康の外交官として活躍したヤン・ヨーステン（一五五六?～一六二三）が屋敷を構えたところを「八代洲」と呼んでいたことにちなむもので、それが、明治以降「八重洲」に転訛《てんか》したことは有名な話である（もともとは東京駅周辺が八重洲だったため、「東京市高低図」では丸の内側に**八重洲町**が記されている。一〇三頁地図参照）。

さてその八重洲口を出ると、目の前に大きな道路が左右に走っている。これが「外堀通り」である。いうまでもなく、かつての「外堀」を埋めてつくった道路である。外堀通りを左手に行くと**呉服橋**、**常盤橋**《ときわ》（九九頁地図上端）を経て水道橋方面に向かう。右手に行くと銀座の中央通り（かつての東海道）と並行して走り、**数寄屋橋**《すきや》の交差点に出、さらに**新橋**付近で右手に折れて**虎ノ門**方面に行き（一〇三頁地図参照）、さらにかつての「**溜池**」であったところを右手に**日枝神社**《ひえ》を眺めながら赤坂見附に出る（一〇九頁地図参照）。

ざっというとこれが昔の外堀である。今はそのほとんどが埋め立てられ道路となっている。

この範囲には当然のこととして武家屋敷が建ち並んだ。

その周りを囲むように、商人地が設けられた。今の**神田**から**日本橋**、**銀座**、**新橋**に至る一帯は海を埋め、縦横に堀を巡らせた人工の町で、そこに通りごとに職業別に職人たちを住まわせた。**鍛冶町**《かじ》・**青物町**・**呉服町**・大工町・乗物町・人形町等々である（九九頁地図参照）。この一帯には老舗《しにせ》が軒を連ね、江戸っ子にとっては自慢の種だった。そして、さらにその外に寺社地を置いた。浅草一帯に多くの寺院などが置かれた。

かりに一〇メートルの津波が襲ったとしたら、都心部もほぼ全面的に浸水する。都心部はビルがしっかりしているので、ビルに逃げ込めばほぼ助かる可能性はあるが、後で述べるように、地下鉄は最大の恐怖である。今のところ、地下鉄の防災計画には津波は想定されておらず、かりに地下鉄線路内に海水が流入したり、駅の出入り口から大量の水が流れ込んだりしたとしたら、客は全滅の可能性もある。

都心部の地名には、川や水にちなんだ昔ながらのものがたくさんある。これはいわば「危険地名」ということができるのではないか。その意外な面にスポットを当ててみよう。

浅草・吉原・日本堤

【浅草】

浅草というと、江戸時代からの繁華街として知られるが、戦後は特に若者たちの関心は新興の地としての新宿・渋谷・青山・池袋などの町に集中し、浅草方面は年配の人々と外国からの観光客が集まるといった状態が続いていた。

ところが、東京スカイツリーの完成に合わせるように、浅草地区は再び活性化の様相を見せている。東京スカイツリーがある地点は地図上の「**小梅業平町**《こうめなりひら》」と書かれている地点である。現在は「**業平橋**」という橋名のみが残っているが、実はこの地は平安初期を代表する歌人の一人である在原業平《ありわらのなりひら》（八二五〜八八〇）にちなんでいる。

『江戸名所図会』の「業平天神社」の項に、「中の郷南蔵院といへる天台宗の寺境にあり。伝へいふ、在原業平朝臣《あそん》の霊鎮《しず》むると云々」とある。つまり、南蔵院というお寺の境内に業平神社があり、その霊を慰めているのだという。

それによると、業平が都に上ろうと舟に乗ったのだが、その舟がこのあたりでひっくり返

◀**浅草付近**　標高は2.5m前後である（「東京市高低図」原寸。以下同じ。主な地名は枠で囲み、また本文ではゴチックで示してある）

三之輪
三輪
地方橋場
千住瓦斯製造所
金杉下町
千束
田中
地方
浅
龍泉寺町
元吉町
山谷
玉姫町
橋場町
山谷町
新吉原
京町
吉野町
亀岡町
入谷町
象潟町
今戸町
新谷町
芝崎町
猿若町
聖天町
浅草公園
浅草寺
山之宿町
花川戸町
松葉町
田島町
浅
北松山町
松清町
栄久町
草
田原町
材木町
東仲町
西仲町
寿町
森下町
諏訪町
北元町
南元町
区
三筋町
阿部川町
向島小梅町
須崎町
中ノ郷瓦町
中ノ郷元町
中之郷竹町
小梅業平町
中ノ郷業平町
表町
荒井町
番場町
松倉町
中ノ郷横川町
本
所
区
石原町
若宮町
吉田町
吉岡町
清水町

ってしまい、溺死《できし》したというのである。これも自然災害によるものかもしれない。村人たちは舟の形をした塚をつくって弔《とむら》い、村の名を業平村にしたのだという。

本郷の台地から浅草方面に向かい向島に渡る通りを「言問通《こととい》り」というが、これも業平の、

名にし負はばいざ言問《こと と》はむ都鳥
　わが思ふ人はありやなしやと

の歌によるものだということはよく知られている。それほどまでに浅草は歴史情緒あふれる地域なのである。

さて、この「**浅草**」の由来だが、「浅草」という文字が象徴しているように、浅瀬の川沿いに草が生えていたという程度の解釈が最も妥当な線だとされている。地形的にいうと、武蔵野台地の東端に当たる上野の山の麓《ふもと》からずっと広がる平地にあって、ちょうど隅田川のほとりに位置している。いわば、昔から川を利用するにはかっこうの土地であったことになる。昔は今のように堤防があったわけではなかったので、ごく自然に草が生えていた低湿地であったのである。浅草の標高は二・五メートル前後である。

東京を代表する下町の聖地、**浅草寺**《せんそう》もそのルーツは隅田川にさかのぼることができる。

推古《すいこ》天皇三六年（六二八）三月一八日の早朝、檜前浜成《ひのくまのはまなり》・竹成《たけなり》の兄弟が宮戸川（隅田川）で魚をとっていたところ、思いがけず一体の仏像を感得した。その仏像を郷司《ごうじ》の土師中知《はじのなかとも》に見せたところ、聖観世音菩薩であることがわかり、これに深く帰依《きえ》した中知は、自宅を改めて寺としたという。これが浅草寺の始まりだといわれる。その仏像を陸に上げたと伝えられているのが、駒形橋の近くにある駒形堂である。

こう考えてくると、この浅草の地がいかにのどかな安らぎを与えてくれたところなのかがよく理解される。

一方で、浅草寺のガイドによれば、京都の「深草《ふかくさ》」に対して「浅草《あさくさ》」と名づけたとも語られている。が、たぶんこれはこじつけで、純粋に浅瀬に草が生えていた程度のところから発生した地名だと考えてよい。

境内にある浅草《あさくさ》神社は、三社祭りで知られる。三社とは、観音様を祀《まつ》った土師中知と檜前浜成・竹成兄弟の三人を神として祀ったものである。

【吉原】

浅草にこんな川柳が残っている。

浅草は意馬《いば》心猿《しんえん》の道と町

意馬心猿とは、妄念《もうねん》や煩悩《ぼんのう》を抑えられないのを馬や猿にたとえたものである。馬とは男の心を惑わす吉原《よしわら》への馬道にひっかけ、一方の心猿は女の心をそそる猿若町《さるわかちょう》にひっかけたものである。

猿若町とは地図（九三頁）でも示されているように、浅草寺の北に位置する町である。江戸歌舞伎の始祖の猿若（中村）勘三郎の名にちなんでつけたもので、いわば江戸歌舞伎の聖地であったところだ。ただし、これは水には直接関係してはいない。

前者の「吉原」が大いに水に関係しているのである。「吉原」はもともと隅田川の下流に置かれていた幕府公認の遊郭《ゆうかく》だったが、明暦《めいれき》の大火後の土地の整理で、浅草寺の北側に移された。浅草の繁華街の北側にあって、男の気持ちを惑わすことから、先の川柳が生まれたことになる。

この「吉原」はもともと「葦原《よしはら》」であった。つまり葦が生えていただけの湿地帯だったのだ。この葦は植物名としてはイネ科の「アシ」なのだが、「アシ」は「悪シ」に通じて縁起が悪いということで、通常は「ヨシ」と呼ばれていた。その「葦《よし》」をさらに変えて「吉原」と呼んだというのが定説になっている。大火の前に吉原があったところは「芳町《よしちょう》」と表記されてきたが、今でも中央区芳町として存続している。

大火後の吉原は現在の台東区千束《せんぞく》四丁目に移されたが、この一角には吉原の片鱗《へんりん》が残されている。「吉原大門《おおもん》」という吉原への入り口は今もその雰囲気を漂《ただよ》わせているし、「吉原公園」という公園も存在する。

地図でいうと、浅草寺の東側から北に行く道があるが、「**吉野町**」の手前で北北西に向かう道がある。これが今の「土手通り」だが、そこをまっすぐ進むと左手に「**新吉原**」という町名がある。そこが新しくつくられた「吉原」である。ほぼ正方形に町がつくられているのがよくわかる。

もともとの「吉原」がなぜ葦の生える湿地帯につくられたかを見れば、水との深い関係が見えてくる。吉原の遊郭の周りには女たちが逃げられないように、幅二間の堀が巡らされていた。ここに葦が生えるような土地を選ぶ必要があったことになる。浅草の北に移転した後も、やはり遊郭の周りには堀が掘られ、いわば吉原は水に浮かぶ遊郭なのであった。

【日本堤】

「土手通り」をさらにまっすぐ進むと、やがて今の「**三ノ輪**」に出ることになる。この「土手通り」の由来は、この道路沿いに昔は「日本堤」という堤防が築かれていたことにちなんでいる。これは幕府が元和《げんな》六年（一六二〇）、隅田川（当時は荒川）の洪水から下谷・浅草を護るために築いた堤で、一三町余り続いた。「日本堤」とはいかにも大げさな感じはするが、それほどこの堤が重要な役割を担っていたということだろう。

築地・佃島・入船

【築地】

江戸・東京の災害史を考える際、この築地を避けて論ずることはできない。「築地《つきじ》」とは江戸・東京の専売特許ではなく、「土地を築く」つまり「埋立地」を示す一般名詞である。問題はこの築地がいつごろここにつくられたかである。

明暦の大火は明暦三年（一六五七）に起こった江戸時代最初の大火災であった。正月一八日午前一一時頃、当時本郷丸山にあった本妙寺で病で亡くなった娘を弔《とむら》っていたところ、その振り袖に火がつき、それが強風にあおられて燃え広がったところから「振り袖火事」とも呼ばれた。この大火は江戸の町を焼きつくし、史上最大の規模を誇っていた江戸城も炎上してしまった。死者は一〇万人にも上ったといわれる。

この大火によって当時日本橋浜町にあった本願寺も焼失し、その本願寺を再建すべく、この地を埋め立てて再建したのが築地本願寺である。佃島《つくだじま》の門徒衆の力により、別院再建のために海を埋めて「地を築いた」ので「築地」という地名が生まれたと本願寺は主張している。

◀**築地・佃島付近**　手前に月島、佃島、その向かいに築地、地図中央に入船町、南八丁堀が読みとれる（「東京市高低図」）

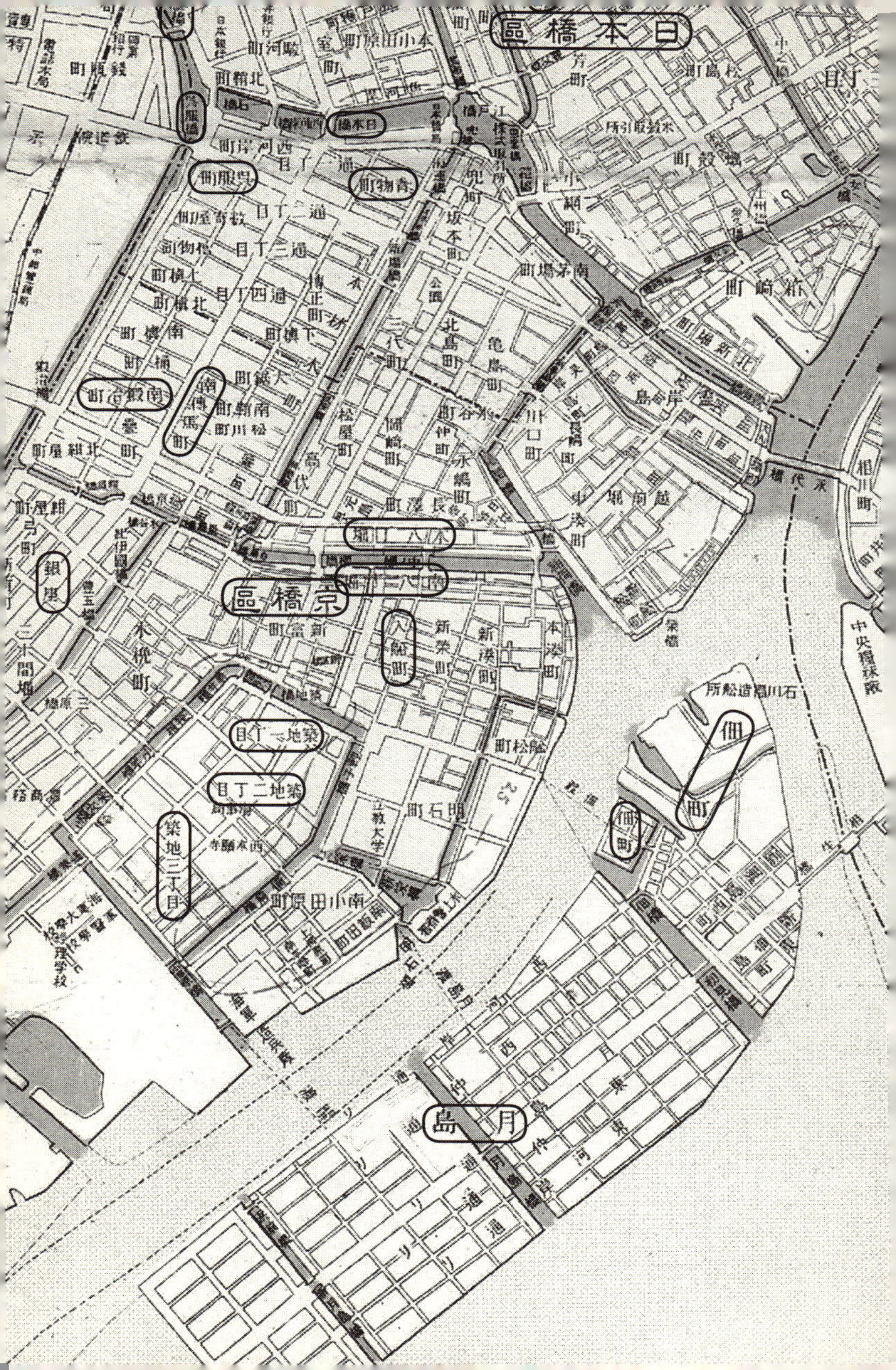

日本橋区
京橋区
月島
佃町
佃町
築地一丁目
築地二丁目
築地三丁目
八丁堀
八丁堀
入船町
南鍛冶町
南伝馬町
呉服町
青物町
日本橋
呉服橋
銀座
立教大学
中央卸売市場
石川島造船所
本湊町
新湊町
新栄町
明石町
南小田原町
木挽町
新富町
亀島町
北島町
越前堀
松屋町
川口町

ちなみに築地一帯の標高も二〜三メートルである。

江戸時代につくられた建物は関東大震災で焼失し、昭和一〇年（一九三五）に現在のインドの石造寺院様式を取り入れたお寺が完成した。

【佃島】

築地の目の前にあるのが佃島である（前頁地図では**佃町**）。佃煮《つくだに》の発祥地であることからもわかるように、江戸（東京）湾に直接関係のある歴史上のスポットである。今は月島《つきしま》とつながってしまっているので、島の面影は薄れているが、かつては島の情緒がたっぷりのホッとする島であった。

「**佃島**」は、実は摂津国西成郡佃村から移住した人々によってつけられた地名である。昔家康がこの佃村近くに赴き、神崎川に渡し舟がなくて困っていたとき、佃村の漁師たちが舟を出して助けたことが縁となって、江戸に幕府をつくった際に、江戸に住むよう命じたのだという。この佃村は阪神電鉄の千船《ちぶね》駅で降りた中洲の一角で、その氏神様である田蓑《たみの》神社の境内に「佃漁民ゆかりの地」の碑が建てられている。

「佃」というのは、もともと「作り田」の転訛《てんか》したもので、領主直営の農地を意味している。領主が種子、農具、食料などを支給し、農民が耕作し、収穫物は領主の領分とした。

家康は佃村の漁民たちに江戸湾の漁業権を与えると同時に、江戸湾を監視するという役目も与えた。家康らしい周到な政策といえるだろう。漁民たちは日本橋に江戸前の魚を届けると同時に、余った小魚を醤油で煮詰めて保存食とした。これが佃煮の発祥である。したがって、佃島は江戸湾の入り口に位置する最も重要な拠点だったのである。これも水にちなんだ重要な地名である。

【入船】

これも東京の水にちなむ地名としては落とせない地名である。江戸時代には八丁堀に属していた武家地だったが、明治になって外国人居留地として入船町とした。まさに船が入ってくるという立地にあり、海との関連の深い町名となっている。

「**八丁堀**」とは寛永《かんえい》年間（一六二四〜四四）に舟運などの目的で長さ八町の堀を開削したことにちなむ地名である。この地域には俗に「八丁堀の旦那」と呼ばれる町奉行所与力《よりき》・同心《どうしん》の組屋敷が置かれていたことでも知られる。現在はそのほとんどが埋め立てられてしまったが、地下鉄日比谷線の駅名としてだけその名を留めている。ただし、今でも、現地に立つと、堀の名残が見てとれる。

地図上（九九頁）で「**南傳馬町**」と書かれているのが、今の中央通りで、かつての東海道である。当然のことだが、この通りを北に向かうと日本橋に出る。

日比谷・有楽町

【日比谷】

「日比谷《ひびや》」という地名は江戸・東京にとって極めてシンボリックな存在である。というのは、家康が江戸に入府する以前からこの「日比谷」という地名は存在していたと考えられるからである。

文字を見てもわかるように、これは「谷」である。ただし、山の中の「谷」ではなく、「ヤツ」もしくは「ヤト」と呼ばれた低湿地帯であった。例えば千葉県の習志野《ならしの》市に「谷津《やつ》」という地名がある。また鎌倉には「谷戸《やと》」と呼ばれる地名がいくつもある。「ヤト」とは台地の下にある低湿地帯や山間《やまあい》の谷を意味する地名である。「谷津」「谷戸」は単なる当て字に過ぎない。

日比谷の場合は、西に霞が関の台地、北に今の皇居の台地が控えており、その下に位置する。もともとこの地は江戸湊の入り江であって、昔はここまで海が入っていた。そして小さな漁村があって、漁業を営んでいたといわれている。

「日比」も単なる当て字で、もとは「ヒビ」である。「ヒビ」とは海苔《のり》・カキなどの養殖で、胞子や幼生を付着させるために遠浅の海に立てるもので、枝つきの竹などを使用した。

◀**日比谷・新橋**　地図中央に日比谷公園があり、南北に標高が低い地域が続く（「東京市高低図」）

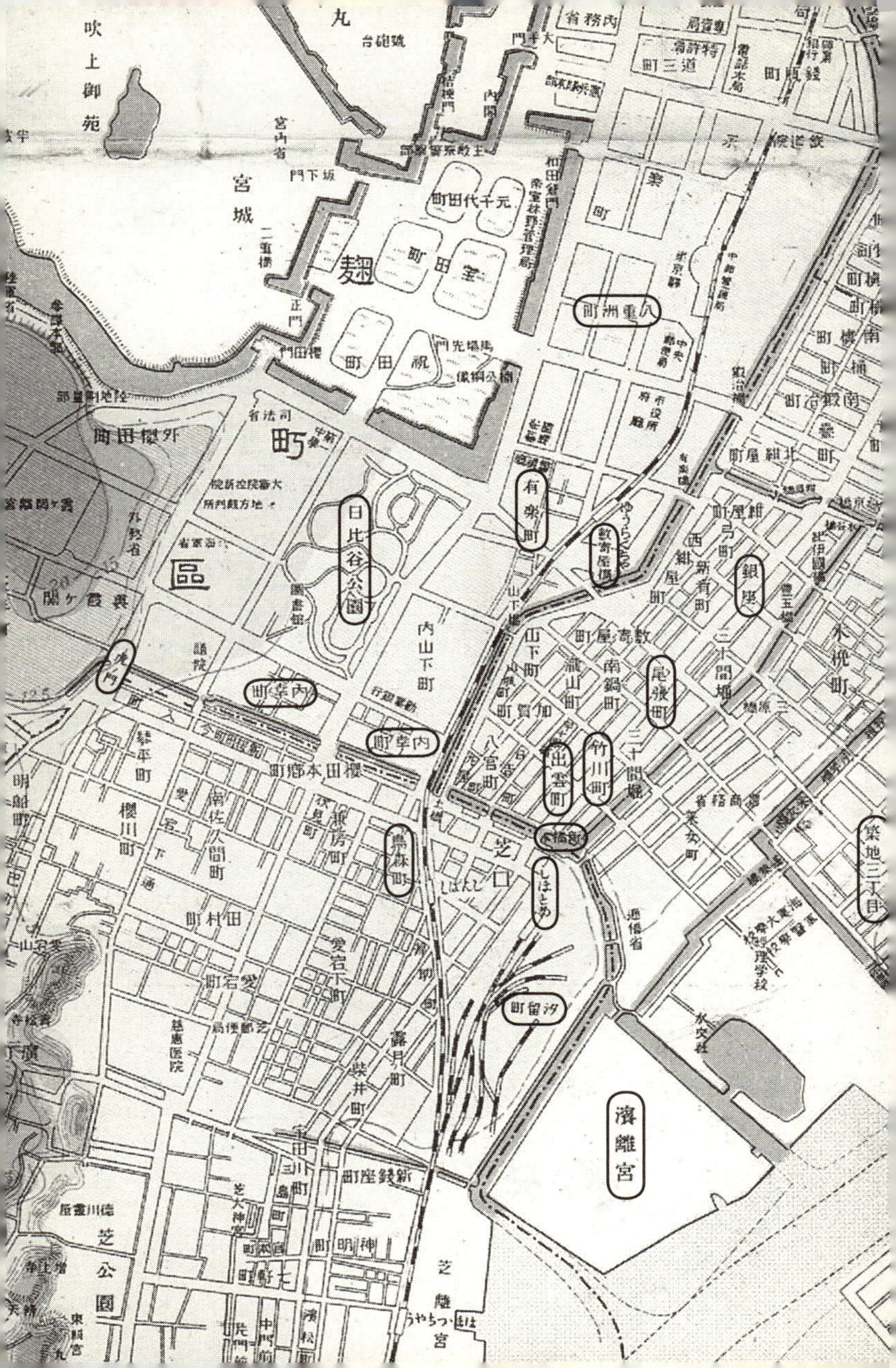

吹上御苑
宮城
丸
麹町区
元千代田町
宝田町
祝田町
八重洲町
日比谷公園
有楽町
数寄屋橋
銀座
尾張町
内幸町
竹川町
出雲町
新橋
烏森町
しほどめ
汐留町
芝口
木挽町
築地二丁目
桜田本郷町
新銭座町
神明町
濱離宮
芝公園

もともとは満潮時に入ってきた魚を干潮時に捕る仕掛けだったといわれ、この江戸湾では多く使用されていた。東京に今も浅草海苔などの土産《みやげ》があるのはそのためで、江戸では重要な産物であったのである。

その意味では、日比谷はかなり危険な場所であるといっていい。標高は二～三メートルで、津波が東京湾から北上して来れば、真っ先にやられる地域である。日比谷公園あたりはむしろ皇居に近く、安全のように見えるが、高低図で見ると、「**内幸町**《うちさいわいちょう》」のところに川が掘られている。今はこの川は埋め立てられているが、約九〇年前は、この川を通じて赤坂《あかさか》・溜池《ためいけ》につながっていた。本章の「赤坂・溜池」の項（一〇八頁）で詳しく述べるように、「**溜池**」は文字通り「溜池」であったところで、江戸の内陸では最も低い土地である。江戸で最も危険であった溜池につながるところに日比谷は位置している。

【有楽町】

ＪＲの有楽町駅を降りて感じることは、いかにも下町風の町だということだ。一〇〇メートルも行くと銀座の街並みに出るが、有楽町はやはり下町の風情に満ちている。よく見ると土地が低くなっていることに気づくだろう。この辺一帯も水に浸かりやすいスポットである。ここは昔「有楽原《うらくはら》」と呼ばれていたが、その由来は慶長年間（一五九六～一六一五）ここに織田有楽斎《おだうらくさい》の屋敷があったことにあるとされる。

織田有楽斎とは正確には織田長益《ながます》といい、信長の弟に当たる人物である。その有楽斎の屋敷に数寄屋《すきや》づくりの茶室があったことから「**数寄屋橋**」という町名も生まれた。今の数寄屋橋交番のあたりである。ここも外堀に面しており、この外堀に架《か》かっていたのが数寄屋橋という橋であった。

この辺一帯は堀が縦横に巡らされており、その水面は海面と同じで、いざ高潮が来ると容易に水に浸かってしまう土地である。

地図上（一〇三頁）に「**尾張町**《おわりちょう》」という町名が見える。これは今の銀座四丁目の交差点である。このあたりは日比谷よりやや標高が高く、五メートルを超す。当時は「**銀座**」はこの尾張町までで、尾張町から「**しほとめ**」に至る道はまだ「尾張町」「**竹川町**」などと呼ばれていた。「尾張町」とはこの町をつくるのを尾張藩が担当したところからついた名で、同じく「**出雲町**」は出雲の人々によってつくられた町であることを示している。

新橋・汐留

【新橋】

銀座から新橋に至る地域は江戸の町づくりで初めて埋め立てられた土地である。先に述べた築地は明暦の大火の後つけ加えられた土地である。だから、この辺一帯はもともと海だった。

海であったところに新しい町をつくったのには理由があった。昔は物資のほとんどを舟によって輸送していた。外海でもそうだが、江戸湾内でもそうであった。江戸に運ぶ物資は舟に積まれ、物資ごとに荷を下ろす場所が決まっていた。魚を取り引きする場所は**日本橋**、青物（野菜）を扱うのは**京橋**というように決まっていたのである（九九頁地図も参照）。それぞれ日本橋には「魚河岸《うおがし》」、京橋には「大根河岸」が置かれていた。それ以外にも「材木河岸」「塩河岸」「茅場《かやば》河岸」「米河岸」など多くの河岸が置かれていた。「河岸」とは船着き場である。この河岸を中心に江戸の経済は動いていた。

このような河岸を設けるためには、海から物資を運び込む川や堀を縦横に巡らせることが必要になる。そのためには海の中に新しい土地を造成して、その間に川や堀をつくることが賢明な策であったということになる。

地図上で川や堀になっているところは戦後埋め立てられ、高速道路となっている。一番危ないのは、都心環状線江戸橋―新橋間で、走ってみるとわかるように、この高速道路はかつての川・堀をそのまま利用している。つまり、空堀に車を通しているということだ。したがってここに水が流れ込むと、そのまま全滅することになる。

【汐留】

地図上（一〇三頁）に「**しほとめ**」と書いてあるところが、かつて「汽笛一声新橋を〜」と歌われた「新橋駅」である。現在の新橋駅は、昔は「烏森駅《からすもり》」といっていた小さな駅で**烏森町**にあった。この「**汐留**《しおどめ》」も意味深な地名である。外から入ってくる汐を止める堤防があったことに由来する。一七世紀の中頃に三十間堀が海に通じるようになるまで、海は堤防で仕切られ、この地で汐を止める措置がなされていたことに基づいていたという。やはり、幕府も海の水の流入を恐れていたのである。

近年、この汐留の一帯はゆりかもめが開通したり、超高層ビルが林立したりで、東京の中でも最も開発の進んでいる町の一つである。その超高層ビルの後ろに**浜離宮**《はまりきゅう》庭園がある。この土地はもともと葦が生い茂る海浜であって、江戸時代初期の寛永年間（一六二四〜四四）には、将軍家の鷹狩りの場所であった。承応《じょうおう》三年（一六五四）、四代将軍家綱から弟の甲斐甲府藩主松平綱重《つなしげ》に与えられ、この地は同藩によって埋め立てられて、下屋敷が置かれた。後に「浜御殿」と呼ばれるようになった。

現在も広大な庭園になっているが、池の水は海水を利用していることが特徴だ。庭園の中心に広がる「潮入の池」はまさに海水の池である。それだけに、この庭園は津波が来れば真っ先に被害を受けることになる。庭園の片隅に「富士見山」という小高い山がつくられている。富士山を見る場所としてつくられたものだが、高さは一〇メートルあるので、いざというときはそこに逃げればよい。

赤坂・溜池

【赤坂】

赤坂というところは、地理的には大変難しいところだ。坂に一歩足を踏み入れると、前後左右どこなのかわからなくなる。もともと武家屋敷が建ち並んでいたところなので、あえて複雑な道になっているのかもしれない。

次頁地図で見てわかるように、**麹町**の台地から流れる小さな川が複雑に谷をつくり、それが現代人を悩ましている。

赤坂は溜池から高台につながるところに位置する坂なので、坂の上のほうは基本的に水は来ない。標高も二〇メートルを優に超えており、安全地帯である。

【溜池】

問題は溜池と呼ばれる地帯である。これは現在外堀通りと呼ばれる細長い地帯になっている。

具体的にいうと、赤坂見附の駅（次頁地図で**弁慶橋**の南あたり）から虎ノ門方面へ向かう外堀通りの一帯が昔溜池のあったところである。その長さはおよそ一五〇〇メートル、幅は

◀**赤坂・溜池**　地図右手の日比谷、新橋に続く低地に溜池町は位置する（「東京市高低図」）

下六番町
上二番町
下二番町
五番町
英国大使館
元園町
麹町通
山元町
平河町
吹上御苑
宮城
半蔵門
坂下門
宮内省
二重橋
正門
桜田門
三宅坂
陸軍省
参謀本部
陸地測量部
紀尾井町
伏見宮邸
弁慶橋
伝馬町
永田町
日枝神社
外桜田町
霞ヶ関離宮
司法省
大審院控訴院
地方裁判所
外務省
三年町
霞ヶ関
麹町
区
日比谷公園
内幸町
虎ノ門
溜池町
溜池
田町
新町
中ノ町
福吉町
東伏見宮邸
葵町
明舟町
桜田本郷町
琴平町
桜川町
南佐久間町
愛宕下通
田村町
氷川町
霊南坂町
今井町
市兵衛町
西久保
愛宕山
愛宕町
麻布御殿
広町
八幡町
仲之町
我善坊町
慈恵医院
芝郵便局
飯倉片町
永坂町
鳥居坂町
東鳥居坂町
徳川霊廟
芝公園
芝森元町
柴井町
神明町

広いところで約二〇〇メートル、狭いところで約四五メートル程度の瓢簞《ひょうたん》形の池だった。

正確に位置関係を説明すると、**虎ノ門**と書かれた地点の西側に「**溜池町**」という町名が見える。この辺から「**田町**」と書かれている地点を通って「**傳馬町**」にぶつかるあたりに広がっていた池である。右手に「**日枝《ひえ》神社**」があるが、今も丘の上に立派な社殿を構えている。現在は地下鉄の駅名は「溜池山王《ためいけさんのう》」だが、この「山王」とは「山王権現」を意味し、元は滋賀県大津市にある日枝神社をこの地に勧請《かんじょう》したものである。

大津市の日枝神社は比叡山《ひえいざん》の麓にある神社で、琵琶湖のほとりの山の中腹に位置している。赤坂に日枝神社を勧請したのは、この溜池を琵琶湖にたとえたからといわれている。

地図を見てもわかるように、この池の北側は**永田町**の高台で、南は**赤坂**の高台になっている。その赤坂には複雑な谷が形成され、それによって地形がわかりにくくなっていることは先に述べた通りである。

もともとこの溜池は江戸の町の水源地であり、神田上水や玉川上水が引かれるまでは、江戸の水がめであった。明治に入って池の水を落として細長い川にし、六つの橋が架けられ、明治二一年（一八八八）、埋立地を「赤坂溜池町」として赤坂の町が形成されたが、やがてすべて埋め立てられて赤坂の繁華街が形成されることになる。標高は一〇メートル程度で低地になっているため、水は溜まりやすく、かりに大きな津波が来た場合は流れ込む危険性は十分にある。

小石川後楽園・飯田橋・市ヶ谷

【小石川後楽園】

地図上（次々頁）では「**砲兵工廠**《ほうへいこうしょう》」と書かれたかなり広大な地域が、今でいう後楽園界隈《かいわい》である。正確にいうと、東側の**春日町**に面している南北に細長い地域が今の東京ドームシティであり、その西側の「**後楽園**」と書かれた池の周り一帯が「小石川後楽園」である。

この二つを合わせた全体が水戸藩の屋敷であった。この庭園は徳川御三家の一つ水戸徳川家の祖である徳川頼房《よりふさ》が水戸藩の中屋敷として、寛永六年（一六二九）徳大寺左兵衛に造園させたものである。これを完成させたのが黄門様こと徳川光圀《みつくに》公であった。

光圀は明《みん》国から亡命してきた朱舜水《しゅしゅんすい》（一六〇〇〜八二）の協力を得て、西湖堤《せいこづつみ》など中国の影響を受けた庭園を完成させ、宋の范仲淹《はんちゅうえん》の『岳陽楼記《がくようろうき》』にある「天下の憂に先んじて憂へ、天下の楽《たのしみ》に後れて楽しむと曰《い》わんか」のいわゆる「先憂後楽」にちなんで命名したという。

それはさておき、この地の地理的条件を説明しよう。この地は西から「**江戸川**」が流れ込み、北からは「**小石川**」が流れ込む、いわば合流地点であった。昔はここから今の大手町方面に平川という川が江戸湾に注いでいた。この川はしばしば氾濫を起こし、江戸の町を洪水で悩ましていた。

そこで、幕府はこの川を江戸の町を通ることなく隅田川に流れるよう本郷台地の南端を開削して東遷したのである。今の水道橋駅から御茶ノ水駅を通ってさらに秋葉原駅を経て、隅田川につながる川筋である。今はこの川を神田川と呼んでいる。ＪＲの御茶ノ水駅から下に見える川が神田川である。この神田川の開削によって取り残された台地が**駿河台**である。

このような経緯を見ても、この後楽園一帯が低地であったことはよく理解される。ちなみにこの地は標高一〇メートル以下であり、いったん水に浸かると大変なことになる。かりに津波が押し寄せたとすると、隅田川からというよりも、大手町方面から一気に水が流れ込む可能性が高い。

【飯田橋】

後楽園の西隣の橋が**飯田橋**である。この橋は明治一四年（一八八一）に、付近の「飯田町」にちなんでかけられた橋である。飯田喜兵衛という人物が家康を案内したとき、家康が彼を名主にしてその地を飯田町と名づけたのが発祥とされる。この地も標高は一〇メートル以下。この飯田橋からはかの有名な**神楽坂**が台地に向かっている。

【市ヶ谷】

◀**後楽園・飯田橋付近**　地図上方の後楽園より、地図右下欄外の日比谷方面に向け、かつては平川が流れ、低地が続いている（「東京市高低図」）

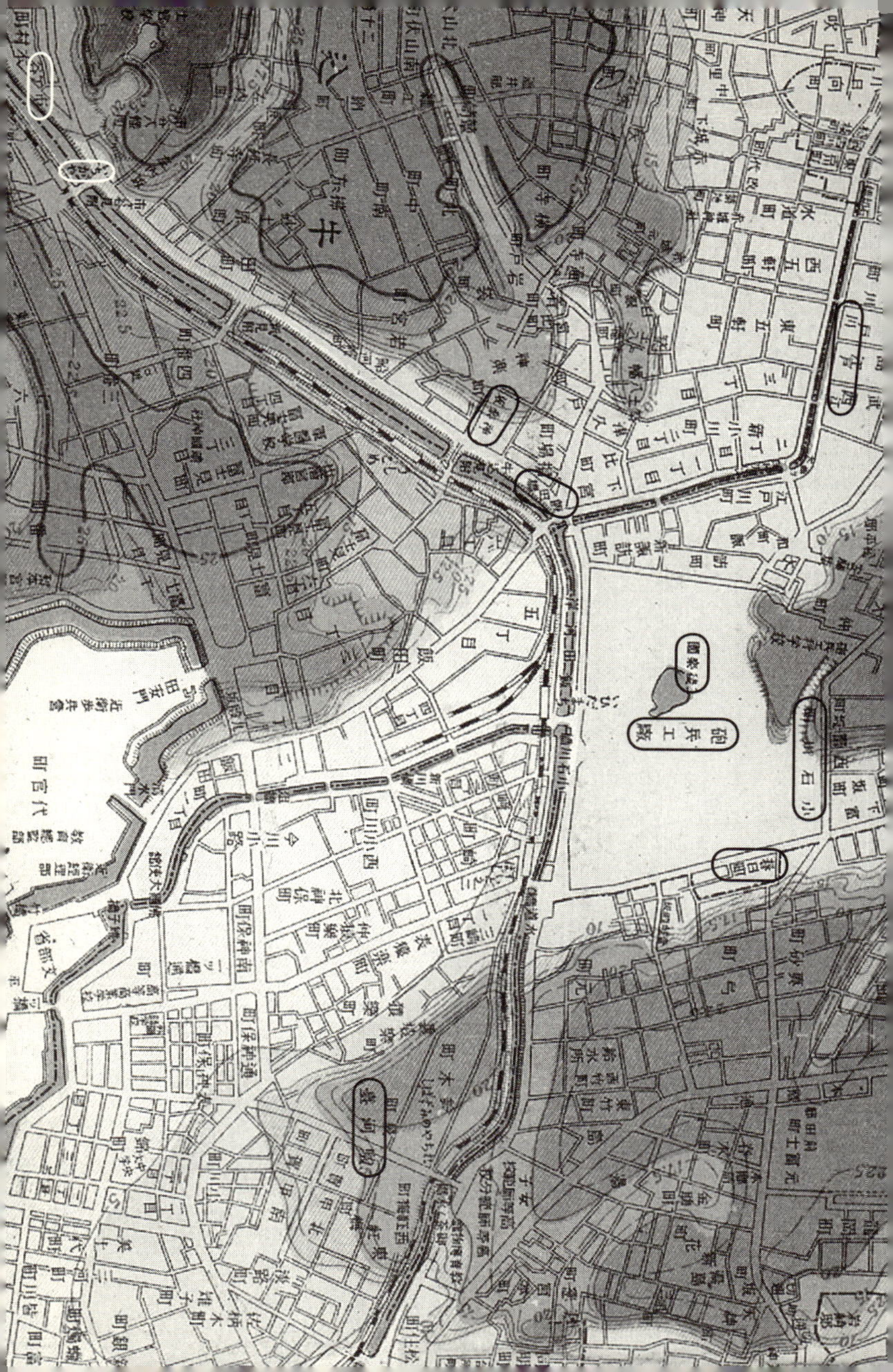

砲兵工廠
飯田町

ここもまた低地である。地名の由来は、昔ここに市が立って物資の売買が行われ、「市買」と書かれたという説が有力である。実はここは「谷」であり、近年行われている東京マラソンでも最後の四〇キロメートル近くで市ヶ谷にさしかかり、その先の坂で多くの選手が脱落するという魔のポイントとしても知られる。

お台場

お台場といえば、今や若者のナンバーワンの人気スポットである。ゆりかもめでお台場に向かうルートは、東京にこんなところがあったの？　と思わせるほどモダンでエキゾチックである。この路線は、平成八年（一九九六）に開催される予定だった世界都市博覧会のアクセス線としてつくられたのだが、都知事に就任した青島幸男氏が中止したことによって、宙に浮きそうになった。しかし、若者たちに受けて、この種の路線としては珍しく黒字経営になっているということだ。

この「台場」という地名の由来を探ってみよう。

嘉永《かえい》六年（一八五三）六月、ペリーが突然浦賀沖に来航して開国を迫るといった事件が起こった。幕府は動揺しつつも、江戸湾の警護を固めるために台場を設置することになった。いざというときに砲撃を加える拠点としての、文字通りの「台場」であった。洋式兵術を修

◀お台場（上：「東京市高低図」　下：現在）

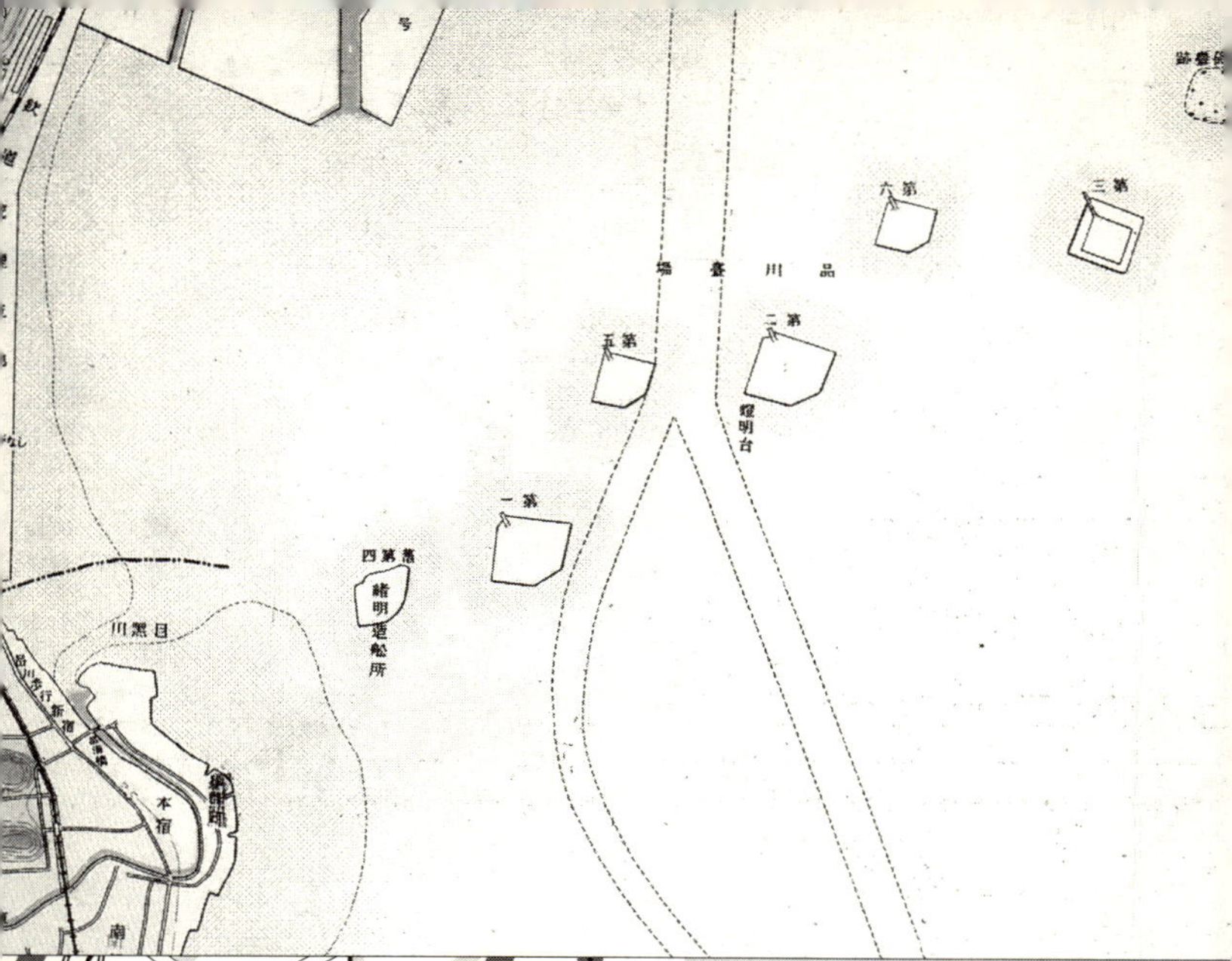
品川台場
第六
第三
第五
第二
燈明台
第一
緒明造船所
目黒川
本宿

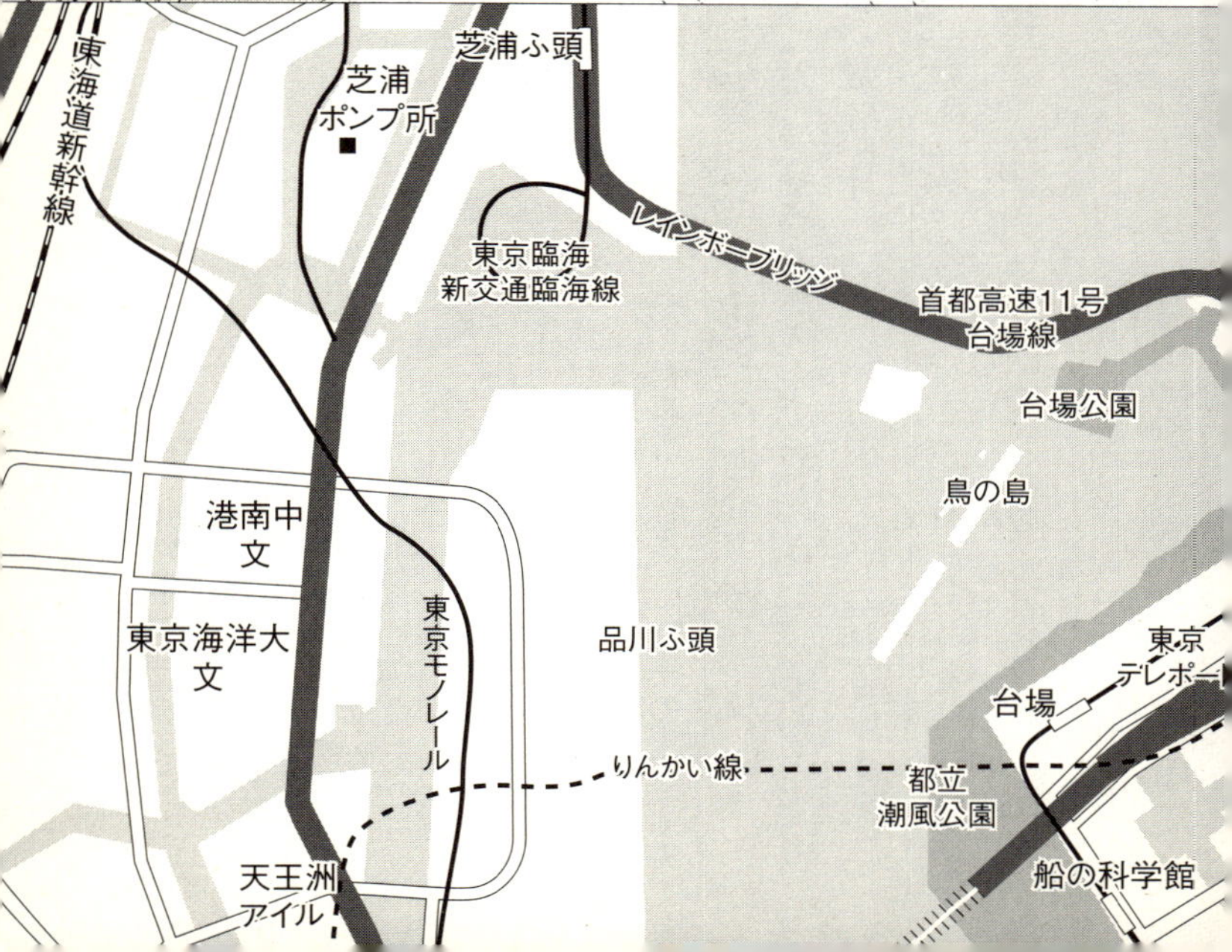
東海道新幹線
芝浦ポンプ所
芝浦ふ頭
東京臨海新交通臨海線
レインボーブリッジ
首都高速11号台場線
台場公園
鳥の島
港南中
文
東京海洋大
文
東京モノレール
品川ふ頭
東京テレポート
台場
りんかい線
都立潮風公園
天王洲アイル
船の科学館

めた代官らによって計画され、同年八月に着工、一年三ヵ月の間に六基が完成した。本来は一一基つくる予定だったが、翌安政《あんせい》元年（一八五四）には日米和親条約が締結の運びになり、実際には使われることはなかった。

地図上には第一から第六までの台場が見られ、第七の台場は建設途上でそのままになっている。

さて、今話題のお台場はどこに位置するかというと、**第三台場**につながったところにある。お台場の玄関口は「お台場海浜公園」駅だが、そこからレインボーブリッジを眺めると、右手に松並木沿いに陸地が見える。そこが第三台場であり、ほぼ完全に残されている。現在残されているのは、この第三台場と**第六台場**のみである。第六台場はブリッジの下の島になっているため、行くことはできないが、第三台場には誰でも歩いていくことができる。

ただし、考えてほしいのは、今のお台場一帯はかつて完全な海の中であり、そこに忽然《こつぜん》と陸地をつくったことである。高層ビルなどは深く基礎を打ってあるから問題ないとは思うものの、もとは海の中であるから、危険はつきまとうと考えておいたほうがいい。

第5章　東京の谷底地名からのメッセージ

河川は津波の遡上に耐えられるか

もし東京に一〇メートルの津波が押し寄せたら東京はどこまで沈むか？　本書ではこのような恐ろしい仮定によってシミュレーションを試みている。

下町の海抜ゼロメートル地帯は堤防が決壊したら、全面的にとてつもない被害を受けることになる。都心部も水没することはないにしても、そのほとんどの地域が浸水する。

さて次は、この沖積平野から洪積台地にかけての地域である。この地域がいちばん予測が難しい。沖積平野と洪積台地の間には、台地を細かく刻んだ多くの谷が存在する。この谷には昔ははっきりと開渠《かいきょ》で川が見えたのだが、現在はそれらの小さな河川は暗渠《あんきょ》となっており、一般の人の目には見えなくなっている。ここにも、東京の地形をわからなくさせている原因がある。

開渠で川が見えるのは、低地の隅田川・荒川などを除けば、北から石神井《しゃくじい》川、神田川、古川（渋谷川）、目黒川などであるが、それらのうち石神井川と古川は暗渠になっている部分も少なくない。

東京湾に巨大津波が押し寄せたとしたら、津波は河口から上流に遡上することになる。その遡上に現在の河川は耐えられるかどうかが問題である。一見すると、それぞれの河川はかなり堤防も高くつくってあり、安全であるように見える。ところが、問題はこれらの都市河川というのは、河道をコンクリートで固めてあるために、流域に降った雨がすべて河川に流入し、水が逃げられないようにつくられているところにある。

神田川は特に洪水の危険性が高く、これまでも集中豪雨の際にはしばしば洪水を起こした前科を持っている。それに備えて地下に巨大な地下室をつくり、そこに一時的に雨水を貯める手も考えられており、現実化している。

かりに津波が押し寄せたとしても、普通の河川の状態だったら、津波を防ぐことができる可能性がある。しかし、最悪の場合として台風などの集中豪雨の直後に大地震が発生し、数メートル以上の津波が河川を遡上したとすれば、どうなるか。

これは大変な被害を受けること必至である。そんなことはまずない、と思いたいところだが、確率としてはゼロでない。最悪の事態を「想定」しておかなければ、私たちの生活を護ることはできない。そこで本章では、河川に沿った「谷底地名」について見ていこう。

神田川・小石川・江戸川・早稲田

【神田川】

家康が江戸に入府したのは天正《てんしょう》一八年（一五九〇）のことだが、まず困ったのは江戸には水がなかったことであった。不忍池や赤坂の溜池に水があった程度で、生活用水がどうしても必要であった。そこで、家康が目をつけたのが井《い》の頭池《かしら》から湧き出ている水であった。この水を江戸まで運ぶためにつくったのが神田上水であった。

井の頭池とは今の井の頭公園で、ここから引かれた上水は中野区の弥生町あたり(新宿駅西方三キロ)で善福寺《ぜんぷくじ》川と合流し、さらに新宿区の「下落合」で妙正寺《みょうしょうじ》川と合流、そのまま高田馬場近くを流れ現在の後楽園に出、さらに水道橋をくぐって駿河台《するがだい》に出、そこから神田一帯に水を供給したところから、「神田上水」と呼ばれた。

ところが、すでに前章の「小石川後楽園」の項で述べたように、江戸の初期に本郷台地を開削して御茶ノ水の谷を人工的につくって水を隅田川に流し込むことにした。

ここで少しマニアックな話をしておこう。一般にこの水系は「**神田川**」と称されているが、厳密にいうと三つに分かれている。井の頭池から文京区の関口につくられた「大洗堰《おおあらいぜき》」までの川を「神田上水」、そこから現在の飯田橋に当たる外堀との合流点までの中流部を「江戸川」、そしてそこから御茶ノ水を経由して隅田川に合流するまでの川を「神田川」と称していた。

千葉県との境を流れるのが「江戸川」であることは誰でも知っていよう。ところが都心部にはもう一つの「**江戸川**」があったことは知っておいていい。今でも地下鉄有楽町線には

「江戸川橋」という駅がある。しかし、この神田川水系の「江戸川」はわずか二・一キロの長さしかなかった。この水系全体が「神田川」という名称に統一されたのは昭和四〇年（一九六五）のことであった。

【小石川】

小石川というと、台地を示す場合もあるが、基本的には地図で見るように、現在の後楽園から北に入り、白山《はくさん》と春日《かすが》通りの尾根の間に長く続く谷を流れる川を「**小石川**」と呼んでいたことに起因する。現在の後楽園一帯も小石川と呼ばれることがあり、水戸藩の中屋敷であった後楽園の庭園も正式には、「小石川後楽園」と呼んでいる。

この土地がどれだけ低いかを示す証拠がある。地下鉄丸ノ内線に乗ってみよう。東京駅を出て次は「大手町《おおてまち》」、その次は「淡路町《あわじちょう》」である。淡路町を出てしばらくすると一瞬地下のトンネルから外に出る。この地点が神田川を渡るスポットである。**駿河台**から本郷台地はかつてはつながっていたのだが、それを江戸の初期に開削して川を通したので、この川の上だけ一瞬地上に出ることになっている。

この一瞬ですぐ列車は地下に潜るが、そこが「御茶ノ水」駅だ。「御茶ノ水」の次は「本郷三丁目」だが、この駅を出てしばらくすると、いきなり地下鉄はトンネルを抜け空の下を走っている。すぐ下が白山通りで、その通りを越えたところが「後楽園」駅である。つまり白山通りあたりがこの辺ではいちばん低い位置にあるということだ。この地上に出る感覚は銀座線で終点の渋谷駅に出る感覚と同じである。どちらも地下鉄の線路より低いところに町が広がっているのだ。

戸《と》崎《さき》町、**久堅《ひさかた》町**の間の谷をさらに奥に行くと、右手に細長い池があるのがわかる（次頁地図左上部分）。これは今の小石川植物園である。今は東大の附属施設になっているが、もともとは五代将軍綱吉《つなよし》が将軍に就《つ》く前の館林《たてばやし》藩主時代に、その下屋《しもや》敷《しき》があったところで、近くに**白山神社**があったところから**白山御殿**と呼ばれていた。

幕府が品川に薬園を開いたのは寛永一五年（一六三八）のことだが、貞享《じょうきょう》元年（一六八四）この地に移し、小石川薬園とした。享保《きょうほう》七年（一七二二）には、この薬園の中に小石川養生所が開設され、貧民救済を行った。これが小説や映画で知られる「赤ひげ」の舞台となった。

実はこの谷間に川は今はなく、千川通りと名を変えている。間違いなくこの千川通りが谷のいちばん低い地点であり、この植物園の外れから**大塚窪町**の下あたりまでが標高一〇メートル程度の高さである。ここまで波が来ることはなかろうが、低地であることには変わりがない。

◀**小石川付近**　北西から南にかつて小石川が流れ、江戸川と合流する低地である（「東京市高低図」）

小
石
川
區
大塚窪町
高等師範校
白山社
白山前町
久堅町
戸崎町
茗荷谷町
竹早町
掃除町
柳町
初音町
中坂町
西富坂町
下富坂町
指ケ谷町
西片町
阿部邸
森川町
追分町
田町
水道端町
金富町
大門町
仲町
西江戸川町
小石川町
後楽園
砲兵工廠
春日町
水道町
西五軒町
東五軒町
新小川町
江戸川町
諏訪町
新諏訪町
揚場町
飯田町
西小川町
今川小路
北神保町
南神保町
表猿楽町
一ツ橋通
牛

【江戸川】

さて、今度は神田川の本流を歩いてみよう。先に述べたように「江戸川」とは飯田橋からわずか二・一キロしかない川であった。次頁地図で「**江戸川橋**」と書いてあるあたりが「**関口**」で、**神田上水**の水をせき止めて水を確保し、それを水戸屋敷のある後楽園方面に送る施設が置かれた。これが「大洗堰」である。水をせき止めるということから、「関口」という地名も生まれた。この辺一帯もかなり低く七～八メートルの標高しかないところだ。

さらにこの辺は神田川の洪水に悩まされてきたところで、水には敏感になっているところである。

【早稲田】

いうまでもなく早稲田大学があるところだが、ここも低地で七～八メートルの高さしかない。その名の通り「都の西北　早稲田の杜《もり》……」だから、当然田んぼが広がっていたところに大学をつくったことになる。特に大隈講堂あたりが最も低くなっている。

その背後にある台地が「高田馬場」だが、「**高田**」とはこの早稲田の低地に対して高台になっている田という意味である。

地下鉄東西線の「早稲田」駅から早稲田通りを高田馬場方面に歩いていくと、すぐ大きな坂に出て、左手が穴八幡宮で、そこを右手に上がって上り詰めたあたりが堀部《ほりべ》安兵衛《やすべえ》が仇討

◀**江戸川橋・早稲田・高田馬場**　江戸川流域の早稲田、面影橋と低地が続く（「東京市高低図」）

早稲田
天神町
水道町
西五軒町
東五軒町
小日向
石

ちを果たしたという高田馬場である。

ちなみに、今でも地元の「高田馬場」では「たかたのばば」と呼んでいるとのこと。ところがＪＲの「高田馬場」駅は「**たかだのばば**」と呼んでおり、町名も「たかだのばば」である。そこにはこんなエピソードがあった。

ＪＲの高田馬場駅が開業したのは明治四三年（一九一〇）のことだった。当初、地元の人々はこの地の地名である「戸塚」駅を希望したらしい。ところが神奈川県に同名の駅があるために使えず、少し遠いのだが早稲田の高台にある「高田馬場」と命名しようとした。すると、早稲田のほうから「高田馬場から遠く離れているのに、この名を使うのは許せない」というクレームがついた。困った当時の鉄道省は、もともとの「高田馬場」は「たかたのばば」だが、駅のほうは「たかだのばば」とすることで押し切ったのだという。

ＪＲの高田馬場駅自体は、傾斜する谷間にあり、駅のガード下を東西に横切る新目白通りは、駅を過ぎたあたりで西向きの上り坂になっている。また山手線で高田馬場から目白に向かうと、眼下の低地を神田川が流れるのを見たのち、高台の目白駅へと到達し、土地の高低を実感できる。


古川・芝・三田・麻布十番・渋谷・千駄ヶ谷

【古川】

この**古川**（次々頁地図右端）という川、実はあまり人に知られていない。水源地は新宿御苑近くの玉川上水である。江戸の初期、生活用水を確保するために神田上水を引いたことは先に述べたが、人口が増えるに伴い、さらに用水を引く必要に迫られて、一七世紀の中頃、多摩郡の庄右衛門・清右衛門兄弟が私財をなげうってつくったとされ、承応《じょうおう》三年（一六五四）に完成したとされる。

その玉川上水の一応の到着点が新宿御苑のある四谷大木戸《おおきど》で、そこまで開渠で引かれてきた水は、その先は暗渠で地下に潜り、江戸の町一帯に供給されたのであった。

四谷大木戸で、水量などが調整され、余った水を千駄ヶ谷方面から渋谷方面に流すことになった。千駄ヶ谷の谷を下って渋谷に出、さらに恵比寿の裏側を流れて白金台《しろかねだい》の下を通り、今の麻布十番の駅を右に流れて東京湾に注ぐ水系である。

【芝】

古川の河口付近を「**芝**《しば》」と呼んでいる（次々頁地図）。芝といえば徳川家の篤《あつ》い信仰を得た増上寺が有名だが、増上寺の前を通る道路が旧東海道である。東海道は文字通り、この辺では海辺に沿って走り、近くには「**三田**《みた》」「**田町**《たまち》」など田んぼにちなむ地名が多い。「芝」という地名の由来としては、海辺に「柴」が生えていたとの説もあるが、私は「嶋」ではなかったかと考えている。別に述べたように、葛飾区の「柴又」は「嶋又」であったことが定説になっている。つまり、地形が島のように点々としてつながり、それを分けるように水が流れたことが由来と考えられている。

それと同じ理屈で、水かさが増えた際、島がいくつかできたのではなかろうか。そのほうが実態に合っているような気がする。

【三田】

三田は慶應義塾大学のキャンパスがあるところで、キャンパスそのものは高台にあるが、古くはやはり田んぼにちなんでいる。

平安時代に出された『和名抄』には、今の港区に相当する郡の名前として「御田郡」と「桜田郡」を挙げている。「桜田」とは江戸城の「桜田門」を含む港区の北部一帯であった。ここに示すように「**三田**」はかつては「御田」であった。つまり、何らかの意味で「尊敬を受ける田んぼ」であった。

地下鉄三田駅を降りて第一京浜を品川方面に歩いてしばらく行くと、右手の高台に「御田八幡神社」がある。これが「御田神社」である。「御田」はこの神社への供田であった可能性がある。いずれにしても海辺に面した低地であったことは間違いない。

【麻布十番】

◀**芝・三田・麻布十番**　古川を上って左に曲がるあたりが麻布十番である（「東京市高低図」）

芝公園
古川

古川をしばらく上流に上っていくと、直角に川は左手に曲がる。前頁地図では「**網代町**《あみしろ》」と書かれている地点である。「網代」とは魚を捕る網に関する地名で、昔はこの辺まで海が入り込んでいたと見られる。標高も二〜三メートルといたって低い。

ここにあるのが「麻布十番」という駅である。昔からここは麻布村のうちで、「十番」と呼ばれてきた。元禄一一年（一六九八）麻布の白金御殿を普請《ふしん》することになったが、この古川を川浚《かわざら》いして川幅を広げる工事をした。その普請のために土運び人足の「番組」が一番から一〇番まで定められ、このあたりから駆り出された人足がちょうど一〇番目に当たったので、この「十番」の地名がつけられた。

この曲がり角のところに「**一之橋**」という小さな橋がある。その上にさらに「五之橋」まであるが、その間、川はほとんど流れているとは思えないような低地が続いている。

【渋谷】

この古川をさらに上流に上っていくと、恵比寿駅の裏側を通っていく。このあたりは左右がかなりの坂になっており、恵比寿駅がいかに高いところにあるかが実感できる。このあたりの川の標高が約七〜八メートルである。シミュレーション上は、この辺（次頁地図下端付近）までは津波が遡上すると考えられる。

そこからさらに上っていくと、渋谷駅の南側に出る。すでに第2章でも述べたように、渋

◀**渋谷・千駄ヶ谷**　地図下方の谷間を流れる古川（渋谷川）を北西に上れば、渋谷、千駄ヶ谷と続いていく（「東京市高低図」）

千駄ヶ谷町
原宿
明治神宮外苑敷地
青山御所
石田
穏田
梨本宮邸
常盤松
堀ノ内
並木
しぶや
代官山
澁谷町
四反町
下澁谷
赤十字社病院
廣尾町
麻布廣尾町
天現寺橋
澁谷廣尾町
豊分
羽澤

谷は谷である。三方を山に囲まれ、南だけが下に向かって開かれている。古川は別名渋谷川ともいい、開渠で見られるのは、この渋谷駅の南口の六本木通りの上にかぶさっている歩道橋の下までである。

今のJRと東横線の渋谷駅の地下には、この古川（渋谷川）が流れている。もっと昔は今の山下公園の近くまで開渠《かいきょ》で見られたのだが、暗渠《あんきょ》となって上は緑道となっている。渋谷駅の標高は一二〜一三メートルといったところだ。

【千駄ヶ谷】

その上流に行くと「**千駄ヶ谷**」の谷になるが、ここが谷であることはよく知られていない。地図をよく見ると、「**渋谷川**」という小さな川が新宿御苑から流れ出ていることがわかる。少し下流に行くと「**原宿**」という地名が見える（前頁地図）。

原宿駅から青山方面に向かうお洒落《しゃれ》な通りが表参道である。歩いてわかるように、ずっと下り坂で、下りきると青山方面への上り坂になる。これが実は千駄ヶ谷の谷なのである。そう説明すればわかってもらえるに違いない。そのいちばん低い地点を流れているのが渋谷川である。この地点は標高一七〜一八メートルになっている。

【品川】

品川に新幹線が止まるようになって、首都圏における品川の位置と役割が重要性を増している。江戸時代東海道の最初の宿として栄えた町だが、新幹線によって品川の新たな役割が見えてきた感じだ。それまではなんとなく通り過ぎる町、乗り換えの町だったが、今や大変貌をとげつつある。

「品川」という地名は、「目黒川」がかつては「品川」と呼ばれていたことによるというのが、ほぼ定説になっている。ただし、それは「品川」というところで海に出るから「品川」と呼んだのか、それとももともと「品川」という川があって「品川」という地名が生まれたのかはわからない。しかし、品川という地名が今の目黒川にちなんでいることだけは確かである。

目黒川は、杉並区の久我山あたりを水源地にして、世田谷区・目黒区を通って品川で東京湾に注ぐ河川である。先に述べた古川との間に、白金台・恵比寿・代官山に連なる台地が続いている。いちばんわかりやすく説明しよう。

渋谷は繰り返し説明しているように谷である。その谷から東横線に乗って一つ目の駅が**「代官山」**である。近年若者たちの人気のスポットで、高級ブティックやレストランなどが軒を連ねている。この「代官山」は昔代官所が所有した山林地であり、「山」である（一三一頁地図左下参照)。駅そのものが山の坂の途中に設置されており、駅を出ると「山道」が繁華街へ若者たちをいざなってくれる。少し行くと、旧山手通りと駒沢通りの交差点に出る。このあたりが代官山のいちばん高い地点で、標高でいうと三〇メートルを超している。

道路の向こうには旧朝倉家の住宅があるが、その裏手に今度はずっと下り道になって下りる細い道がつながっている。この坂は「目切坂《めきりざか》」と呼ばれている。江戸時代、この地に石臼《いしうす》の目切りをする腕のよい石工が住んでいたことに由来するという。

渋谷から代官山を越えて目切坂を下りると、もう目の前に目黒川が流れている。この行程が古川(渋谷川)と目黒川の間にある台地を越える一つのルートである。


【目黒】


目黒川を見るには、まずJRの目黒駅から権之助坂《ごんのすけざか》を下りていくのがいちばんわかりやすい。この目黒駅はなぜか品川区に位置しているという摩訶不思議《まかふしぎ》な駅として知られる(ちなみに品川駅はなぜか港区にある)。駅そのものは標高約三〇メートル近くもあるので、水の恐怖はまったくない(次頁地図参照)。

その駅から右手にずっと下りていく坂道が「権之助坂」である。江戸時代、中目黒村に住んでいた権之助という人物が、処刑される前にどうしてももう一度自分の家を見たいと懇願してこの坂に来たところから、この名がついたという。この権之助、悪人という説もある

◀**品川・目黒**　品川から五反田、目黒近辺まで5m以下であることが読みとれる(「東京市高低図」)

五反田
大崎町
品川町
白金
目黒川
埋立地
上大崎
谷山
桐ケ谷
向田
品川

が、実は政治犯として捕らえられた人物で、地元では相当人望があったと思われる。そうでなければ人物名がこのように地名に残ることはないからだ。

さて、この坂を下り切ったところが目黒川で、このあたりで標高七〜八メートル。津波が押し寄せたら十分遡上するエリアである。目黒川は護岸工事が進んでおり、十分な高さで護られてはいるが、大雨などで増水しているときに津波が来たら、かなり危ないところではある。

地図上には権之助坂の名は載っていないが、目黒駅から西北に延びて曲がっている道が権之助坂である。この道は今は「目黒通り」と呼ばれ、柿の木坂につながっている。しばらく坂を上って左手に入ると、かの有名な目黒不動がある。地図上では「**不動堂**」と書かれている。この目黒不動が一般的に「目黒」の由来とされている。

目黒不動は正式には「泰叡山《たいえいざん》　瀧泉寺《りゅうせんじ》」といい、天台宗である。ルーツは平安時代にまでさかのぼる古刹《こさつ》だが、江戸時代になって一層の発展を遂げることになる。

三代将軍家光がこの地で鷹狩りをした際、その鷹が行方不明になってしまったという。そこで家光が不動尊に懇願したところ、鷹が本堂の屋根に戻ってきたことから、家光の信仰を得て大伽藍《だいがらん》の工事を行い、「目黒御殿」と呼ばれるほど、多くの信者を得たという。

これが発端になって、江戸の町を護るために、江戸の町の郊外に五色不動が置かれた。五色とは青（木）・赤（火）・黄（土）・白（金）・黒（水）を指しており、中国の陰陽五行説に基づいて、それぞれ木・火・土・金・水を意味していた。

黒はもちろん目黒不動。目白不動は目白駅近くの金乗院《こんじょういん》、目《め》青《あお》不動は三軒茶屋駅近くの教学院、目《め》赤《あか》不動は旧中山道沿いで、今は文京区本駒込にある南谷《なんこく》寺。目《め》黄《き》不動は台東区三ノ輪にある永久寺のほか、江戸川区平井にある最勝寺、渋谷区にある竜巌寺を当てることもある。

目黒川を下ると、五反田である。「**五反田**」とは江戸時代にすでに見られる地名で、もともと五反の広さの田んぼがあったことにちなむものとされている。同種の地名としては「三反田」などがあり、全国的に分布する。現在、五反田駅のホームに立って東側を見ると、目前に国道1号線が高輪台の丘から下りてくるパノラマを楽しむことができるのだが、このあたりの標高は五メートル以下で、かなりの低地である。

なお、ＪＲの駅が「五反田」「大崎」「品川」と続くので、東京人の中には、「大崎」は「五反田」の南に位置すると考えてしまう人もいるが、前々頁地図で見るように、「大崎町」はむしろ五反田の北側に位置していた。これも駅名によって混乱させられている一例である。「**大崎**」の由来は、台地から低地（かつての海）に突き出している「尾崎」が「大崎」に転訛したものと考えられる。

谷中・千駄木・根津

【谷中】

「谷根千《やねせん》」とは「谷中《やなか》」「根津《ねづ》」「千駄木《せんだぎ》」を一緒にした命名で、今や最も江戸情緒・下町情緒を残す観光スポットとして、一〇年ほど前から、若者というよりも中高齢者の間で人気を集めている。私自身も大好きな町で、何度もツアーを組んだことがある。

谷根千を訪れるには、やはり「日暮里」駅がいちばん便利だ。第2章でも紹介したように、この日暮里の台地は、武蔵野台地の東端に当たり、目の前の低地との境界にある。荒川区はその多くが低地に位置するが、この台地上も一部荒川区で、台地・低地の両面を持っているのが特徴である。

「日暮里」という表記が一般化したのは江戸時代後期のことで、それまでは「新堀《にいほり》」であった。つまり、戦国期にこの地に「新しい堀」が掘られたことから「新堀」と呼ばれていたが、次第に「にいほり」が「にっぽり」と転訛し、その台地の美しさから「日暮里」と書かれるようになり、そこから「ひぐらしの里」と呼ばれるようになった。

日暮里駅の北口を出ると、駅が高架になっているため、そこはすでに台地につながる坂である。その名も「御殿坂《ごてんざか》」という。その坂のすぐ右手にあるのが本行寺《ほんぎょうじ》である。ここから見る月が見事だったので、「月見寺」とも呼ばれた。

その先にある峠はおよそ二〇メートルの標高である。それを越えると「谷中ぎんざ」につながる「夕焼けだんだん」という階段を下りることになる。ここにはいつも猫がいて、夕焼けとともに絵になる風景で有名だ。

谷中ぎんざは長さおよそ二〇〇メートルの商店街だが、東京でも最も江戸情緒の漂うスポットである。江戸情緒といってしまうが、正直にいえば「三丁目の夕日」の世界といったところだろう。

この谷中のすごいところは、浅草のように観光客向けに取り繕《つくろ》っているのではなく、ごく普通の生活そのものが展開されているということである。そういう実際の姿を見られるのはこの谷中しかない。


【千駄木】


実は「谷中」というのだから、ここは「谷」である。次々頁地図上には記されていないが、昔ここに藍染《あいぞめ》川という川が流れていた。「谷中ぎんざ」の先に「よみせ通り」という道があるが、これは藍染川を埋めた後の通りである。この川沿いに左右に台地が連なっている。地図で見るように、西側には本郷台地が連なり、その北側は「**千駄木**」である。

「千駄」という地名は渋谷の近くの「千駄ヶ谷」もあり、共通した意味合いの地名である。

「一駄」というのは、一頭の馬に乗せることができる荷物の量を意味している。今は死語になりつつあるが、「駄賃」とは荷物を運ぶ際に馬子《まご》に支払ったわずかな礼金から生まれた言葉である。

「千駄」とは、千頭の馬に乗せられるという意味で、量の「多さ」を示している。したがって「千駄木」とは「多くの木を産出したところ」という意味になる。

【根津】

最後に根津だが、これはここに鎮座する根津神社に由来するといわれている。**根津神社**は日本武尊《やまとたけるのみこと》が創建したと伝えられる古社で、東京十社のうちに数えられている。ちなみに東京十社とは、根津神社を筆頭に、神田神社・亀戸天神社・白山神社・王子神社・芝大神宮・日枝神社・品川神社・富岡八幡宮・氷川神社の十社である。

この「**根津**」という地名は実は水に深く関連している。「津」とは「湊《みなと》」を意味していることは周知のことだが、「根」とはこの「津」につながる本郷台地、より詳しくいうと「忍《しのぶ》ケ《が》丘《おか》」「向ヶ丘」の麓（根）にあると解釈できる。実際、根津神社の境内そのものが、台地の麓にあり、その様相を示している。このあたりの標高はちょうど一〇メートルくらいだが、昔はこの辺までが海だったと考えられている。不忍池はその名残である。したがって、大きな津波が襲った場合、この近くまで浸水する可能性はなしとしない。

◀谷中・根津・千駄木付近（「東京市高低図」）

日暮里町
三河島
みかわしま
隅田川貨物線
島
谷中本
大下
にっぽり
谷中初音町
初音町
天王寺
谷中天王寺町
谷中
駒込林町
三崎町
桜木町
谷中茶屋町
谷中三崎南町
谷中坂町
上根岸町
根津神社
須賀町
追分町
根津
本郷区
第一高等学校
美術学校
帝國圖書館
上野公園
博物館
寛永寺
動物園
東照宮
谷中清水町
花園町
池之端七軒町
不忍池
弁天
帝國大學
大學病院
下谷区
車坂町
上車坂町
稲荷町
上野町
湯島天神町
天神町
西町

第6章　安全な町はどこだ？

ここまでどちらかというと、津波や浸水の危険のある地域を取り上げてきたが、もちろんその不安と無関係で安全とされる地域もある。一般的に武蔵野台地の奥に当たる丘陵地や山地（東京都の西部地区）は地盤も強く安全だとされている。本書では主に二三区の範囲で考察を加えているので、その範囲で気づいているいくつかの地域を取り上げることにしたい。

尾根沿いにつくられた春日通り

ずっと以前から不思議に思っていたことがある。それは東京では台地の尾根に広い道路が走っていることだ。最初に疑問に思ったのが**春日通り**《かすが》（次々頁地図参照）だ。この通りは東京の中ではそうメジャーな通りとはいえないが、この通りで説明するのがいちばんわかりやすいだろう。

昔この通りは錦糸町《きんしちょう》から大塚駅まで一本の都電で結ばれていた。両駅の間どこまで乗っても一五円というのが昔の都電のしきたりだった。今でも同じ路線に都バスが走っており、一律二〇〇円となっている。

さて、この道は錦糸町から御徒町を経由して本郷台地にさしかかる。かの岩崎邸の南側から台地に上り、次々頁地図上では「**元富士町**」と書かれている地点に出る。ここが本郷台地の峠《とうげ》に当たるところで、現在は本郷三丁目の地下鉄の駅がある。ここを越えるとずっと下り坂になっていき、白山通りに出る。この白山通りはこの辺ではいちばんの低地で、昔は小石川が流れていた通りである。標高は一〇メートル以下。この春日通りと白山通りの交差点の左手に文京区役所の高いビルが建っている。

ここは東京メトロ丸ノ内線・南北線の後楽園駅と都営地下鉄三田線・大江戸線の春日駅が合流している。駅の前には「礫川公園《れきせん》」があるが、この一角に「春日局像《かすがのつぼね》」が建っている。春日局は明智光秀の重臣斎藤利三《としみつ》の娘として天正七年（一五七九）に生まれたが、相当の策略家であったようで、後の三代将軍になる家光の乳母《うば》となり、ついに家光を将軍の座に座らせることに成功した。そして大奥の実権を握って、幕府を裏で動かしたことで知られる。

春日局が本郷台地の一角に居を構えていたことから、この通りを「春日通り」と名づけたとされる。

さて、この礫川公園から通りは再びかなりの急坂を上っていくことになる。左手に中央大学の理工学部、さらに上っていくと右手に**伝通院《でんづういん》**という有名なお寺がある。昔新撰組が京に上るとき集合した寺としても知られる。

このあたりになると、小石川台地の尾根になり、そこからずっと尾根道を走ることになる。標高は、二〇メートルから二五メートルくらいまで上がる。山歩きに慣れている人なら誰でも知っていることだが、アルプスなどの高い山々では尾根歩きが基本である。つまり、山のいちばん高い部分を尾根沿いに歩くことである。尾根からは山の両サイドの眺望がよく、左右どちらを見ても急な崖が落ち込んでいる。

この状態は実は春日通りでよく確認できる。小石川のエリアに入ってしばらく行くと、右手にやや広い坂道が落ちている。これが桜の名所として知られる播磨《はりま》坂である。この坂は春日通りの尾根から千川《せんかわ》通りまで三〇〇メートルもあるが、春先になると、桜をめでる人々で埋まる。

もう少し先に行くと地下鉄丸ノ内線の茗荷谷《みょうがだに》駅に出る。尾根沿いに「**茗荷谷**」とは変に思われるかもしれないが、駅の左手の拓殖大学方面に落ちていく坂があって「茗荷坂」と呼んでおり、その下は谷になっている。江戸の昔からこの辺は茗荷を栽培していたところである。茗荷谷の反対側には「湯立《ゆたて》坂」という優雅な坂が、やはり千川通りに落ちている。

昔、この坂で、小石川をへだてである氷川神社に献じる湯花を立てたことから「湯立坂」という名が生まれたとされる。この坂の左手は筑波大学のキャンパスになっており、私自身もここに勤務していた。『江戸志』には「往古《おうこ》は此《この》坂下大河入江にて、氷川明神へは川を隔てて渡ることを得ず」と書かれている。つまり、坂の下は入り江で大きな小石川という川があって渡れなかったというのである。そのため、こちら側の坂で湯花を奉じたことから「湯立坂」という優雅な坂名が生まれたのである。そのかつての小石川という川は埋め立てら

◀**春日通り**　地図下部を左上がりに東西の細長い尾根伝いに道が走っている（「東京市高低図」）

春日通り

れ、今は「千川通り」となっている。

まさにこのあたりは尾根道をずっと歩くことになり、歩行者にも尾根を歩いていると実感できるエリアである。その極め付きが、左手にお茶の水女子大を見てさらに坂を上った地点である。標高は三〇メートル近くになる。ここは春日通りと不忍通りが交差している地点で、大塚仲町の交差点である。不忍通りはこの春日通りで峠を越えて、護国寺のほうに下っていく。そして、春日通りはまっすぐに大塚方面に向かっていく。

この春日通りは江戸時代からずっと尾根を通る道筋であった。それはいったいなぜだろう？　そんなことを考えてみた。

一つの理由は、台地のいちばん高いところに道を開き、その尾根の左右に屋敷を置くことによって不公平感をなくそうと考えたのではないか。確かにそんな気もする。台地のいちばん上の地点に特定の大名の屋敷をつくってしまうと、その他の大名の屋敷は下につくるしかないことになる。

江戸時代にそんな公平感があったかどうかはわからないが、もう一つ考えた理由がある。それは尾根がいちばん安全だったことである。この尾根の両サイドは崖になっており、尾根であれば崖崩れも水に浸かる心配もないということだ。たぶん、江戸時代の人はこの台地の尾根が地形的に安全であることを知っていたのではないか。

江戸の自然災害で恐ろしかったのは、洪水と地震であった。この台地の上は洪水には無関係であったことは自明だが、地震にも強かったことを江戸時代の人は知っていたに違いない。

話は飛ぶが、古代の人々が奈良の藤原京や平城京、さらに平安京をつくったのは、それらの土地が自然災害に強かったことを知っていたからではないかと、私は考えている。一つの例外は、時期的に平城京と平安京の間に建設することになっていた長岡京だが、ここは桂川の洪水を考えて急遽《きゅうきょ》平安京に変えたのが真実であろう。

今から考えると、千数百年も前に、地震などの災害を予知できたのかといわれるかもしれないが、当時は当時としてすでにそれをさかのぼる何千年も前から、人々はそこに生活していたのである。それを考えると、当時であっても奈良や京都に地震が少ないことは十分わかっていたはずである。そうでなければ、奈良や京都にあれだけの寺院や仏像が残るはずがない。考えてみると、奈良・京都にはそれほど巨大な地震が起きていないのも事実である。

中山道沿いに

この春日通りと同じ理屈でつくられたと思えるのが、江戸五街道の一つ、天下の名街道の**中山道**《なかせんどう》である（一五三頁地図）。基本的にこの中山道沿いも水に強いエリアである。そのルートを追ってみよう。

中山道は、日本橋を出て神田界隈を通って、今の御茶ノ水駅と秋葉原駅の間にある昌平橋《しょうへいばし》を渡り、湯島聖堂の後ろを抜けて本郷通りに入っていく。坂を上って順天堂大学の後ろあたりになると、標高は二十数メートルに達している。この道を北に進むと、やがて本郷三丁目の駅に出るが、そのすぐ先で先に述べた春日通りと交差する。

この角に「かねやす」という老舗の店がある。この店は京都で口内医をしていた兼康祐悦《かねやすゆうえつ》が開いた店で、現代風にいえば歯医者であった。享保年間(一七一六〜三六)歯磨き粉である「乳香散」を売り出したところ、反響を呼び、小間物店「兼康」を開業したのがそのルーツだという。

享保一五年(一七三〇)大火に見舞われ、幕府はこの本郷の「かねやす」あたりから南側の建物には塗屋《ぬりや》・土蔵《どぞう》づくりを奨励し、江戸の町並みを整備することにした。そこから「本郷もかねやすまでは江戸の内」という川柳が詠《よ》まれ、ここまでが江戸の内だという認識が広まっていった。

このあたりも本郷の尾根を走っているという実感が募《つの》るところだ。

さらに先に進むと右手に東大の赤門が見えてくる。ここはかつての加賀百万石の金沢藩の屋敷だったところである。東大の正門を右手に見てさらに進むと、やがてメインキャンパスと農学部のキャンパスの間に一本の坂道が右手に落ちている。これが言問通りだが、その一部が「弥生坂《やよい》」と呼ばれている。その昔ここで縄文式とは異なる新しい種類の土器が発見され、当時の町名が弥生町であったことから「弥生式土器」と呼ばれ、そこから「弥生時代」という歴史上のタームが生まれたことで有名なところである。ちなみにここをずっと下りていくと、右手先には不忍池があり、標高は一〇メートル以下となる。

地図上上がったところに「**第一高等学校**」とあるが、ここは今の東大農学部のキャンパスになっている。ここはかつては水戸藩の屋敷だったところで、金沢藩の屋敷跡がメインキャンパスになっているのとは異なっている。

その西に「**追分町**《おいわけ》」とある。ここで中山道は左手に進み、右手に行く街道とは分かれることになる。右手に行く街道は今の本駒込を通って王子に抜ける街道で、水戸街道となっていく。

このように、街道が分かれるところにつけられる地名が「追分」である。街道が分かれれば人も別れる。そこで、多くの人々の出会いと別れが生まれ、歌が生まれることになる。全国に「〇〇追分」という民謡が多いのはそのためである。

このあたりはやや広い丘になっているので、尾根を歩いているという感じはしないが、一歩王子方面に行くと、千駄木から上がってくる「**団子坂**《だんご》」が右手から現れる。この「団子坂」は文字通り、昔この坂に団子を売る茶店があったことに由来するといわれている。

　この団子坂の尾根の部分には、数多くの寺院が建ち並んでいる。これは明暦の大火以降、江戸の寺社地にあった寺院をこの一帯に移転したことによっている。団子坂と本郷通りが交差する角にあるのが、高林寺《こうりんじ》というお寺で、これは大火までは今の御茶ノ水にあって、そこの境内に出る水が美味で、その水を使って将軍にお茶を差し上げたことから「御茶ノ水」という地名が生まれたことはよく知られている。

　その先に少し行くと「**吉祥寺**《きちじょうじ》」という禅寺がある。これもかつては高林寺の近くの水道橋付近にあったのだが、明暦の大火以降、ここに移転させられることになった。門前の人々は武蔵野の原野に移住させられ、今の武蔵野市吉祥寺の地名が生まれたことも、今や多くの人々が知るようになった。

　したがって、今の武蔵野市吉祥寺には、吉祥寺というお寺は存在していない。一般的にいうと、寺がつく町名にはまず間違いなくその寺が存在するものだが、この吉祥寺のケースは、全国的に見ても稀《まれ》であるといってよい。

　この団子坂の反対側に、やや急傾斜で標高差では一〇メートル以上も落ちていく坂がある。ここが次頁地図でいうと「**白山前町**」と書かれているところである。「**白山社**」と書かれているが、ここは白山神社のことである。

◀**中山道**　地図右手の尾根伝いを北〜北北西に向かっている（「東京市高低図」）

中山道
本郷區
小
石
川
第一高等学校
根津神社
駒込病院
巣鴨病院
上富士前町
富士神社
富士前町
動坂町
駒込林町
吉祥寺
白山社
白山前町
白山御殿町
指ケ谷町
柳町
追分町
東片町
西片町
戸崎町
久堅町
掃除町
春日町
砲兵工廠

白山神社は石川県の「白山」から勧請《かんじょう》した神社である。神社の由緒書きによると、この地に神社が勧請されたのは天暦《てんりゃく》二年（九四八）のこととされる。江戸時代になって徳川家の信仰を集めることになるが、明暦《めいれき》元年（一六五五）当時七歳になったばかりの徳川徳松《とくまつ》（館林城主、後の五代将軍綱吉）が屋敷を設け、その屋敷は近くに白山神社があったことから「**白**《はく》**山御殿**《さんごてん》」と呼ばれた。今の小石川植物園である。

白山神社の手前に地下鉄の白山駅があるが、その前の坂を下っていくと、後楽園駅に向かう谷筋をたどっていくことになる。前頁地図上では「**指谷町**」「**柳町**」となっている。その先が「砲兵工廠」となっているが、この一帯が水戸藩の屋敷だったところで、この地図に出ている部分は今の東京ドームシティである。このあたりの標高は一〇メートル以下で低くなっている。

中山道はこの本郷からさらに「**巣鴨**《すがも》」駅に出、その先から左手に入っていき、おばあちゃんの原宿といわれる「とげぬき地蔵」の通りに入っていく。この通りはもちろんかつての中山道で、それなりの風情を残している。

それをさらにまっすぐ進むと、板橋の宿に出る。都内の宿場ではいちばん街道筋の情緒を残している。数百メートルも行くと、石神井川に架かるそう大きくもない橋に出る。この橋がかつては「板でできていた」ところから「板橋」という町名が生まれ、それがやがて「板橋区」の区名にもなっていく。

中山道沿いの街並みは水にはほとんど無関係で安全な町といってもいい。

甲州街道沿いに

尾根とはいえないが、台地上をずっとたどってつくられたのが**甲州街道**である（次々頁地図）。この街道沿いも安全である。もともとこの甲州街道は、幕府の有事の際の逃げ道として整備されたといわれている。甲州街道の出発点は日本橋ではあるが、江戸城を南回りに回って、実際には江戸城の西側に位置する半蔵門から西に向かう街道筋である。

「半蔵門《はんぞうもん》」の由来は、この近くに服部半蔵の屋敷があり、半蔵が伊賀者を使って江戸城の西口の警護に当たっていたことによる。豊臣が滅びたとはいえ、西国には豊臣方の残党が潜んでおり、その警護に半蔵を当たらせたのである。

服部半蔵（一五四二～九六）は、家康が三河にいた時から仕え、家康一六将の一人に数えられた。家康が江戸に入府してからは江戸城の西口を固めるために、今の麴町あたりに屋敷を構え、そこから半蔵門という地名が生まれた。

半蔵は江戸に入る前に、苦しい体験を余儀なくされた。家康には武勇に優れた長子・信康がいたが、あるとき、噂に過ぎない信康の乱心を口実に、織田信長は信康に切腹を申し渡した。家康は断腸の思いで信康に切腹を命じ、半蔵に介錯を申しつけた。ところが半蔵はついに介錯することができず、その後仏門に入り、西念《さいねん》と号した。

半蔵の死後、この地に寺院ができ、その名を「西念寺」とした。西念寺は今は甲州街道をまっすぐ行き、現在の四谷駅を越えた左手の住宅街の中にあり、本堂には家康から賜《たまわ》ったという槍が残されている。

この半蔵門は江戸城内でも最も標高が高く、約二八メートルもあった。甲州街道はこの高さを保って四谷に出、さらに新宿を通って甲府に向かっていく。「**四谷見付**」と記されているところが今の「四谷」駅である。

「**四谷**」については、従来「四つの谷」説と「四つの家」説があった。前者によると、この近くに「千日谷」「茗荷谷」「千駄ヶ谷」「大上谷」の四つの谷があったとされるが、このうち確認できるのは「千駄ヶ谷」であり、かなり距離的に離れている。また「茗荷谷」というのがかりに文京区の茗荷谷を指しているとしたら、とんでもない距離である。その他の二つの谷も確認されていない。

それに対して、『御府内備考』では、この地に梅屋・木屋・茶屋・布屋の四軒しか家がなかったことから「四屋」と呼ばれ、それが後に「四谷」に転訛《てんか》したと述べている。この説のほうが正しいように見える。ちなみに四谷の標高は二〇メートル以上はある。

◀**甲州街道**　地図右端の半蔵門を経由して台地上を西に走る（「東京市高低図」）

甲州街道

この四谷を越えてさらに西に進むと新宿になる。左手に大きな**新宿御苑**が広がっているが、これは家康に信任を得てこの周辺一帯を賜った信州高遠《たかとお》藩の内藤清成《ないとうきよなり》の屋敷跡である。昔はそのため、この地は「内藤新宿」と呼ばれてきた。

甲州街道は新宿二丁目の角で左に入り、さらに今の新宿駅南口の前に出る。南口の前に走る道路が甲州街道である。

新宿は東京を代表する繁華街だが、標高は三十数メートルもあり、水に関する心配はまったくない。ただし、今超高層ビルが林立する西口は東京の浄水場があったところで、地盤の弱いところに高層ビルを建てたことは記憶にとどめておいていい。しかも、東京の超高層ビルの発祥の地のようなところである。

青山通り沿いに

青山通り沿いも安全地帯である。**青山通り**は赤坂見附周辺から始まるが、左手に草月会館が見えるあたりになると、もう青山の台地に上ったことになる（次々頁地図）。この地点で標高はすでに三〇メートル近くにまで達している。地図で見ると、「**青山御所**」（今の赤坂御用地）や「**明治神宮外苑敷地**」など国の中枢の建物が並ぶ地の南側を、尾根沿いに走っている道路である。

この「青山」という町名は、実は青山忠成《あおやまただなり》という人物にちなんでいる。青山忠成（一五五一～一六一三）は家康（一五四二～一六一六）とほぼ同時期を生きた武将で、家康と同郷の三河国岡崎出身であった。慶長《けいちょう》六年（一六〇一）には本多正信《ほんだまさのぶ》・内藤清成とともに関東奉行を仰せつかり、権勢を振るった大名として知られる。

伝説によると、家康が鷹狩りに出かけたとき、内藤清成と青山忠成の二人に、「一気に馬で乗り回しただけの土地を与える」といわれて得た土地であって、この二人の領地は江戸でも抜群に広かったといわれる。

青山は原野同然のこの地を拝領し、広大な屋敷を構えた。その名残となっているのが**青山墓地**である。青山通りと外苑西通りが交差するあたりに、梅窓院《ばいそういん》という浄土宗のお寺がある。この寺が青山家の菩提寺で、墓地の一角に青山家代々の墓がある。

その裏手にある青山霊園には、多くの有名人が眠っている。政治家では、大久保利通、犬養毅、吉田茂など、作家では志賀直哉、国木田独歩、思想家では中江兆民、河合栄治郎など、枚挙にいとまがない。

この街道は江戸時代には「大山道」と呼ばれ、神奈川県の矢倉沢《やぐらざわ》を越えて西国につながっていたので「矢倉沢往還」とも呼ばれた。「大山」とは丹沢山系を代表する山の一つで、新幹線から見ると右手にひときわ高くそびえる三角形の山である。ここには阿夫利《あふり》神社が祀られ、農民の雨乞いの神様として深い信仰を集めていた。

今の青山通りはこの大山道であり、今は一流のファッションの町として多くの人々に親しまれている。この道も高台をずっと走ることになるが、やがて渋谷に入るところで、坂道を下ることになる。これが「宮益坂」で、この坂を下り切ったところが現在の渋谷駅である。この駅の標高は一二～一三メートルしかない。

駅前の広場を越えるとすぐ道玄坂の坂道になり、それを上り詰めると、その先は世田谷に続く台地になっていく。谷といっても、世田谷の標高は三五メートルくらいはある。世田谷に入るところに、昔「信楽」「田中屋」「角屋《かどや》」という三軒の茶屋があり、そこから「三軒茶屋」という地名が生まれた。

高台につくられた池袋

池袋は「池」がつくので危ないのでは、と感じるかもしれないが、池袋はセーフである。というのは、池があったのは今の池袋の場所ではなく、ずっと東の滝野川一帯であったからだ。**滝野川**という地名が示すように、この川の近くに袋状の池がいくつか存在していた。そのことにちなむ地名である。

『新編武蔵風土記稿』にはこうある。

◀青山通り　青山御所の南沿いに、30m以上の高台を走っている（「東京市高低図」）

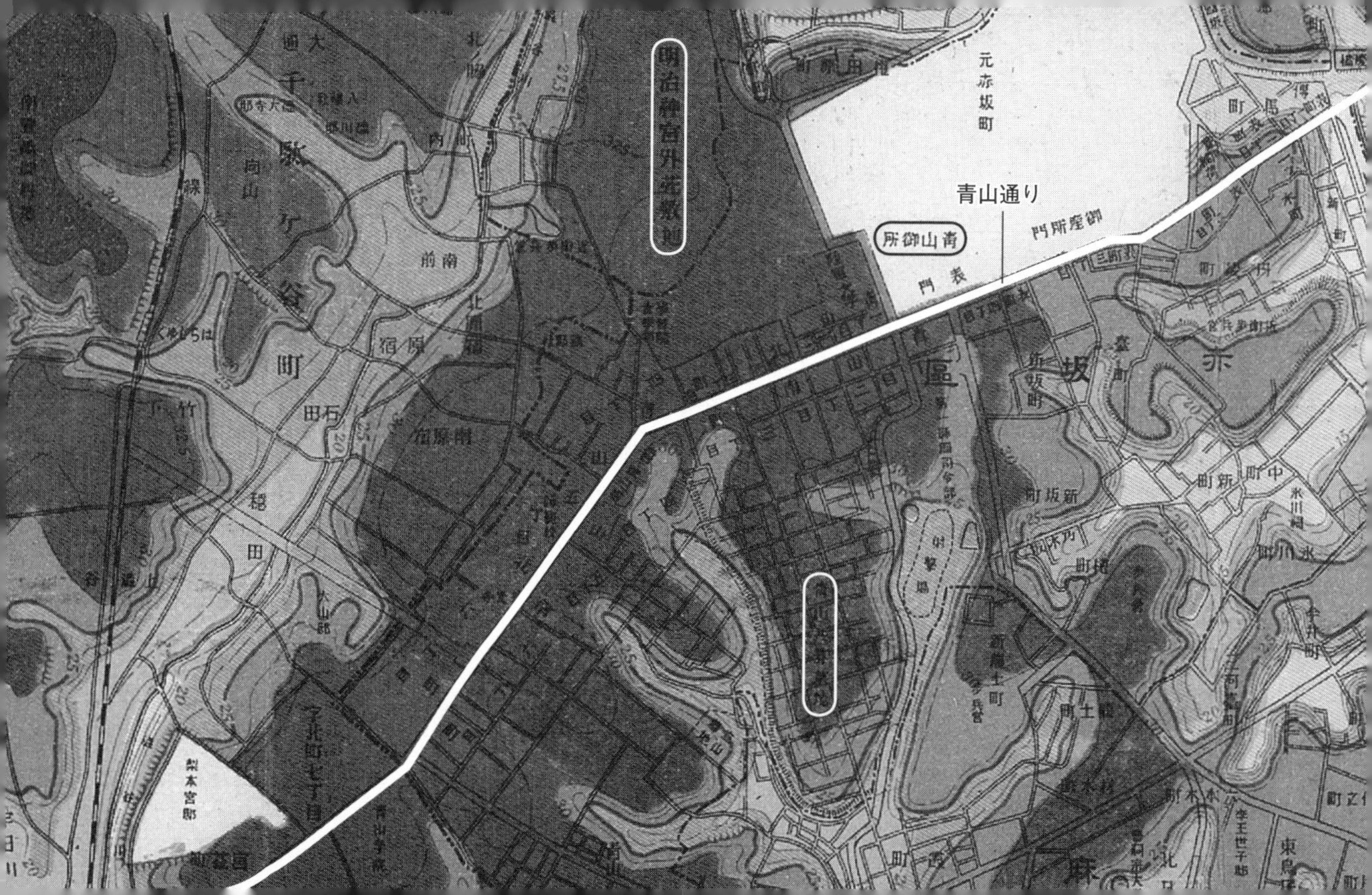
明治神宮外苑敷地
青山御所
青山通り
元赤坂町
表門
千駄ヶ谷町
赤坂区

池袋村は地高くして東北の方のみ水田あり、其辺地窪にして地形袋の如くなれば村名起りしならん。

つまり、池袋村の東北の窪地に水田や池があって、そこが袋状になっていたところから「**池袋**」という地名が生まれたというのである（次頁地図）。

池袋というところが高台にあることは、ちょっと詳しい人には理解されよう。西口ではわかりにくいが、東口前の道路をまっすぐ**雑司**《ぞうし》ヶ**谷**《がや》方面に向かうと、街並みを外れるあたりから急な坂道となって護国寺方面に落ちていく。また、東口前を通る明治通りを左手に進むとやはり高速道路と交わるあたりで、急に地形が落ち込んでいる。つまり、池袋の東北から南にかけては低地が広がり、雑司ヶ谷方面に続いていることがわかる。

その袋状の池・水田はどこにあったかというと、西巣鴨駅（都営三田線）に近い上池袋三・四丁目（豊島区）、滝野川六・七丁目（北区）周辺である。

この説とは別に、池袋駅の西口にかつて大きな池があり、そこから弦巻川《つるまき》（現在は暗渠化）を通って雑司ヶ谷方面に流れ、江戸川に落ちていたという説もある。しかし、文献的に確認できるのは前々頁で引用した『新編武蔵風土記稿』のものであり、本書はそれに従って

◀**池袋付近**　池袋（地図中央付近）は高台にある（「東京市高低図」）

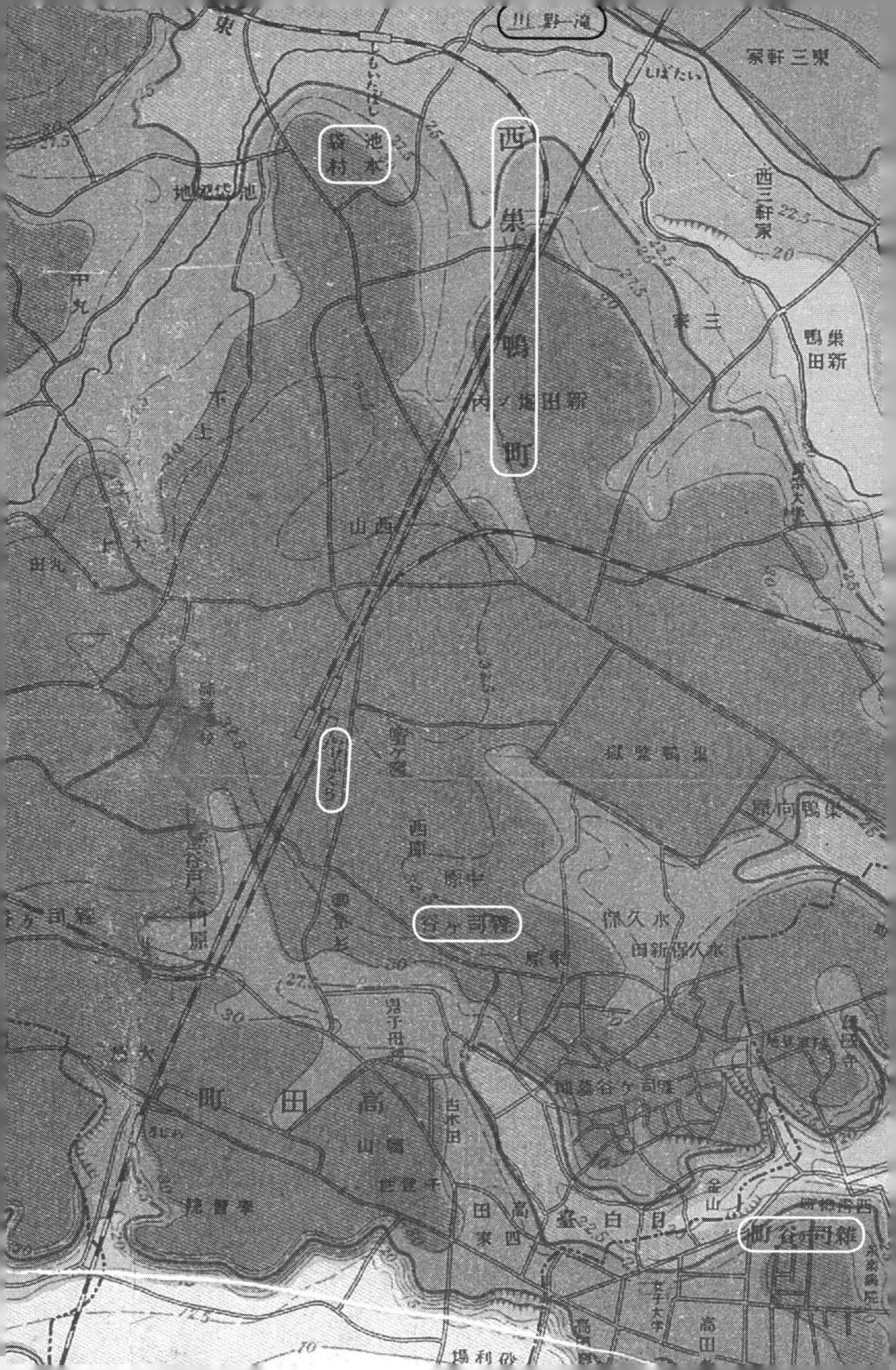

滝野川
東三軒家
しばたい
しもいたばし
池袋村
西巣鴨町
西三軒家
三軒家
巣鴨新田
新田堀ノ内
西山
巣鴨監獄
巣鴨向原
雑司ケ谷
水久保
水久保新田
雑司ケ谷墓地
高田町
学習院
目白台
金山
女子大学
高田
雑司ケ谷町
砂利場

おく。

いずれにしても、現在の池袋駅の周辺は標高三〇メートル以上もあり（前頁地図参照）、水に関しては安全な町ということになる。

六本木の丘

六本木も安全な町である。六本木のシンボルは今や「六本木ヒルズ」だが、この名の通り、六本木は「ヒル」（丘）である。かなり地形的には複雑で、一度歩いてみればわかるように、平らな道はほとんどない。渋谷と結ぶ六本木通りはこの丘の尾根を走っており、この通りの上を走る高速道路が六本木の象徴ともなっている。

この六本木を体験するために、まずは麻布十番の駅から六本木の丘を目指してみよう。麻布十番駅は海抜二〜三メートルの低地にあり、津波が来たら真っ先にやられそうな位置にある。次頁地図上では「**網代町**」と記されている地点である。ここから「**坂下町**」「**宮下町**」を「**北日ケ窪町**」へと上っていく谷がある。「窪」というのは「窪地」を意味しているので、この窪地から尾根のほうに上っていく坂がある。

地図には示されていないが、この坂が有名な「芋洗坂《いもあらい》」である。「芋洗」とは妙な地名だが、ここには興味深い歴史が潜んでいる。東京には「イモアライ」の坂は三つ確認されてい

◀**六本木付近**　六本木は地図中央の五差路のあたりで、丘の上にある（「東京市高低図」）

元赤坂町
青山御所
御産所門
表門
赤坂區
永田町
溜池町
丹後町
新坂町
氷川町
今井町
榎坂町
霊南坂町
葵町
市兵衛町
仲之町
六本木町
北日ケ窪町
飯倉片町
飯倉狸穴町
東鳥居坂町
鳥居坂町
永坂町
八幡町
麻布區
宮村町
坂下町
網代町
一本松町
新網町
芝森元町
新門前町
濟生會病院
赤羽町
西町
山元町
盛岡町
竹谷町
東町
新堀町
本村町
富士見町
天現寺橋
松方邸
三田

る。一つはこの六本木の「芋洗坂」、もう一つは靖国神社の裏手にある「一口坂」。「一口」と書いて「いもあらい」と読む。三つ目はいちばん人の目には触れているもので、御茶ノ水駅の聖橋口《ひじりばし》から秋葉原方面に下りていく坂である。現在は「淡路坂」と呼ばれているが、昔は「一口坂《いもあらい》」と呼ばれていた。

「一口」のルーツは、京都府の南端に位置する久御山町《くみやまちょう》にある「一口」である。ここは京都から流れてくる桂川、宇治の合戦で有名な宇治川、そして奈良県の県境から流れてくる木津川が合流する地点に当たり、全国でも有数の洪水被害の地である。

一口の集落は水田よりも数メートル高い丘の上に連なっており、明らかに水害に見舞われても安全な高さになっている。実はこの集落の片隅に稲荷神社があり、ここに一口の秘密が隠されていた。

稲荷神社の起源は古く、遠く平安時代の小野篁《おののたかむら》に及ぶ。小野篁が隠岐《おき》に流罪になったとき、太田姫命《おおたひめのみこと》が現れて「君は類《たぐい》まれな人物であるから、必ず都に帰ってくるであろう。しかし、疱瘡《ほうそう》（天然痘）を病めば一命が危ない。わが像を常に祀《まつ》れば避けられるであろう」と言って消えたという。

そこで、篁は京都の一口の里に神社をつくって祀った。その後、江戸を開いた太田《おおた》道灌《どうかん》の姫が重い疱瘡にかかったとき、道灌が京都の一口から稲荷神社を勧請したという話である。

その稲荷神社は今の淡路坂の上に祀られていたが、道路整備によって、今は小川町のほうに移転されている。

六本木の芋洗坂も、同様に疱瘡などの伝染病を村に入れないという信仰のもとに祀られたものと見られる。東京の場合は、いずれも坂の入り口に位置している。

それにしても、六本木の芋洗坂は上れば上るほど急な坂になっている。かなり疲れたと思ったところで、ようやく六本木の尾根（峠）に出る。そこが六本木通りである。ここが峠であることは、六本木通りの両サイドにつながる道がいずれも坂道になって下っていくことを見ても明らかである。

六本木通りを越えてさらに尾根沿いに北西へと進むと、最近できた「東京ミッドタウン」が右手に広がっている。そこを通り過ぎると、やがて地下鉄「**乃木坂**《のぎざか》」駅に到達する。ここには乃木神社があることでわかるように、明治の軍人として知られる乃木希典《のぎまれすけ》（一八四九～一九一二）の邸宅があったところである。

この乃木神社あたりからの下りは、すでに六本木とは隣の谷となって赤坂のほうに下りていく。

坂道に注目！

自分が住んでいる町が安全か否かは、誰でも気になるところではある。本書の冒頭で紹介したように、東京都では「建物倒壊危険度」と「火災危険度」の二つの尺度で危険地帯をランキングしているが、本書で示したように、そこでは津波と液状化は基本的に「想定外」とされている。

本書が特にターゲットにしている津波に関しては、以下のようにそのチェックをすることができる。

まず、下町の海抜ゼロメートル地帯は津波に襲われる確率は極めて高いと考えたほうがいい。それから海抜三メートル以下の地域も、都心部を含めて大いに危険度を意識したほうがいい。都内では高いビルが建ち並んでいるので、緊急の際には高いビルに逃げればそう大きな心配はない。

いちばん注目してほしいのは「坂」のある地点である。東京には名前がついている坂だけでも一〇〇〇個もあるといわれている。そのほとんどが下町や谷底から台地に上る坂である。

最初にしてほしいのは、坂の下が海抜何メートルかを確認することである。

坂の下が海抜一〇メートル以上あれば、まったく問題はない。しかし、五メートルくらいだと浸水する可能性がある。二〜三メートルだったら、覚悟する必要がある。

坂に面して住んでおられる方は、まず自分が坂の下のほうにいるのか、中くらい以上にいるのかをチェックする必要がある。中くらい以上ならまず安心と考えておいていい。坂の下で、なおかつ河川に近いところは要注意である。

要は土地の起伏に注意を払うことである。そのためにはなるべく歩くことが必要だ。電車は土地の高低感を見失わせている。バスに乗って移動すればまだ土地の起伏を実感できる。「東京市高低図」をよく見ていただきたい。例えば次のような地名があるところは要注意といっていい。

「**谷**」＝これは大地からの水で刻まれた谷である。ここには当然のことながら集中豪雨時には水が集まることになる。

「**窪**《くぼ》」「**久保**《くぼ》」＝「久保」は「窪」のことであり、いずれも窪地を意味している。当然水が溜まりやすい。

「**池**」＝これも当然のことだが低地である。

「**落合**《おちあい》」＝これは二つの川が合流するところにつけられる地名であり、その周辺ではいちばん低くなっている。

「池尻《いけじり》」＝池の「尻」とは、池から水が流れ出るいちばん低い地点につけられる地名である。

その他、下町では「**江**」「**川**」などの地名がつくところは要注意。また液状化では「**砂**」「**浜**」という地名はかなり危険だと思っていい。

いずれにしても、これらの地名は現代の私たちにその危険度のメッセージを送ってくれている。これらの情報をもとに、自分たちの生活と命を護ることが必要である。

第7章　東京は生き残れるか

巨大地震に備える

「まえがき」と第1章でも触れたことだが、東京都では地震災害による危険地帯を「建物倒壊危険度」と「火災危険度」の二つの尺度で測り、それを合わせた「総合危険度」で危険地域を認定し、公表してきた。危険度を五段階にランキングし、危険度の高い順に54321の評定を行ってきた。

しかし、この方式の危険度測定は、東日本大震災によって、大きな見直しを迫られることになった。「建物倒壊危険度」と「火災危険度」の尺度は、九〇年近く前に発生した関東大震災の被害を彷彿《ほうふつ》させるものがある。確かにあの震災の場合は、密集した家屋から発生した火災によって多くの人々の命が奪われた。

ところが、今回の3・11では、建物の倒壊や火災ではなく、圧倒的に津波によって人命を失うことになった。

すでに東京都でも新しい地震対策に着手していると聞いているが、この津波に対する対策こそ今後の最大の課題といわなければならない。

今回の震災を踏まえて考えると、今後の地震対策としては以下の四つが挙げられる。

①建物の倒壊
②火災
③津波
④液状化現象

最初の二つは、どの自治体でもすでにハザードマップなどを作成して公表している。東京都では各区・市町村ごとにハザードマップを作成しているが、特に下町では洪水に関連したマップを公表している。

ところが、津波に関するマップは作成されていない。本書執筆のきっかけになったのは、とにかく一日も早く津波対策を講じる必要があるという、切羽詰《せっぱ》まった気持ちであった。

この四つの対策のうち、「建物の倒壊」と「火災」に関しては、私たちの努力である程度までカバーできる話である。建物の倒壊については耐震工事を行うことによって相当に防げる状態にまで進歩している。また、火災についても、ガス機器や石油ストーブに耐震装置が義務づけられるなど、地震に対する市民の意識は非常に変わってきているといってよい。

しかし、「津波」と「液状化現象」は個人の努力ではどうにもならない問題である。厳密に考えると、今の都の対策の中に液状化現象が視野に入っていないわけではない。「建物倒壊危険度」の尺度の中に込められてはいる。しかし、それはあくまでも建物が倒壊したり、傾いたりする要因として込められているに過ぎない。

例えば、今回の地震で千葉県市原市の石油コンビナートの大火災が発生したが、これは液状化現象が原因であると見る人もいる。また、千葉県浦安市、千葉市をはじめ東京都でも江東区の豊洲地区で大規模な液状化現象が起こり、大きな被害が出たことは周知の事実である。

本書では、ターゲットを津波に絞《しぼ》ったため、液状化の問題には特に言及していないが、今後の対策としては喫緊の課題である。

ビルとの連携

津波対策としていくつかの問題を指摘しておきたい。津波への対応としてはとにかく高いところに逃げるしかないことはよくわかっている。ところが、仙台市の若林区のようにどこまでも平野が広がる地域では、逃げようがない。首都圏では千葉県の九十九里浜や神奈川県の湘南地方では、この問題は深刻である。そこで、市町村によっては、津波時に避難できるビルとの契約を結ぶことが進められている。学校などの公共施設だけでは間に合わないという判断である。

学校といえば、東日本大震災で大きな役割を果たしたことが注目された。どこの学校もほとんどが地震の揺れに耐え、避難者を多く収容した。メディアではほとんど報道されなかったが、ここには文部科学省の施策が功を奏したと私は見ている。

中国の四川《しせん》大地震が発生したのは、二〇〇八年五月一二日のことだが、この地震で中学校の校舎が倒壊というよりも潰れ、校内にいた二〇〇名以上の生徒が下敷きになって亡くなるという痛ましい被害があった。

日本政府はその事例をもとに、全国的に早急に学校の耐震化を推し進めることになった。私は当時、筑波大学の理事・副学長として附属学校の管理運営に携わっており、いち早く文部科学省の動きを知ることができる立場にいた。普段何をいってもなかなか予算がつかないのに、この問題に関しては文部科学省の動きは俊敏であった。考えてみれば当然のことである。未来ある子どもたちを護ることこそ、政府の任務だからである。

その政策が東北地方の学校に及んだのか、それともすでに耐震化が終了していたのかはわからないが、どの学校も建物としては十分持ちこたえていた。

東京都の場合は、人口が多いから、当然のこととして学校だけでは足りない。民間のビルと契約を結び、いざというときにはビルを開放し、逃げ込めるスペースを確保することが不可欠である。

また海抜ゼロメートル地帯では、一階は水に浸かってもいいような建物利用を考えるべきである。海抜ゼロメートル地帯でも近年は戸建ての住宅は減少し、高層アパート・マンションがその多数を占めている。できれば一階は住宅としては使わず、公共の空間としておいたらどうだろう。次に述べるように、どう考えてもこの地帯は水に浸かる可能性が高い。

スーパー堤防をつくれ!

海抜ゼロメートル地帯を護るにはどうしても堅固な堤防が必要になる。そのために以前から「スーパー堤防」の計画が進められてきた。スーパー堤防とは従来型の堤防から二〇〇〜三〇〇メートルの範囲に空間を設け、そこに盛り土をするというものである。現状では堤防のすぐ下から住宅が建てられており、地震などで堤防が決壊すれば、住宅はそのまま直に被害を受けることになる。

スーパー堤防の場合は、かりに堤防が決壊しても水は緩やかに流れ込むので、都市への被害を最小限に抑えるメリットがあるといわれている。

政府は昭和六二年(一九八七)から事業を開始し、全国の河川に総延長約八〇〇キロの計画を立てた。このうち、江戸川区の北小岩に予定されているスーパー堤防には、総工費約四三億円が見込まれている。

実はこのスーパー堤防構想は、民主党主導の「仕分け」によって「廃止」ということになってしまった。それは3・11前の話で、地元ではこのスーパー堤防構想を実現しようとする意見が再燃しているという。

当然のことだと私は思う。海抜ゼロメートル地帯を護るには堤防で防ぐしか方法はないのである。

河口に水門はつくれない

第1章で述べたように、3・11の場合でも、東京の沿岸部に設置された水門などを閉鎖することに失敗したという報道がなされた。このこと自体はシステムを改善していけば克服できる問題である。

しかし、水門があるというだけで安心するのはまだ早い。第5章でも若干触れたが、災害に対する「想定」は常に「最悪」の事態を頭に入れるということである。

「最悪」の事態とは、台風などの豪雨によって水量が増しているところに地震が起こり、津波が襲った場合である。しかもそれが「満潮時」だとすると、さらにその危険度は増すことになる。

今までの海抜ゼロメートル地帯のハザードマップは、河川が洪水を起こした場合にどうするかという中身になっている。そこに津波が来るということは「想定外」になっている。私に言わせると、その両者が同時に来た場合、しかもそれが満潮の場合だとしたらどうなるかという「想定」をしなければならない。

その場合の不可欠の視点は、水門というものについてである。水門は一般的にいって、水路に設けられた水位を調整するための施設といっていいだろう。だから、海側から高潮や津波が押し寄せたら水門を閉鎖すればいいという考えになる。

ところが、この発想は「水路」には当てはまってもそのまま「河川」には当てはまらない。河川は生き物で、常に上流から下流に向けて水を運んでいる。東京周辺の河川は、普段は流れているのかいないのかさえわからないほど緩やかだが、河川である以上は必ず水は河口に向かって流れている。とりわけ、集中豪雨の際には多量の水が河口に流れ込んでいる。

したがって、河川の場合、河口に水門をつくることはできないことになる。海からの津波を防ぐために水門を閉じた途端、上流から流れ込んでくる水が堤防を越えて、町中に流れ込んでしまうからだ。ここに、津波が河川を容易に遡上できる理由がある。津波は河川の河口でせき止めることはできないのである。それだけに、堤防を堅固なものにしなければならないのだ。

地下鉄は絶望的か？

東京でもう一つやっかいなのは、地下鉄である。地下鉄は本当に大丈夫なのかと思う不安は誰もが持っている。列車が走っているトンネルの中には、川の下を潜っているものがかなり多くある。もし、トンネルが地震で破壊され、水が流れ込んできたらと考えると、地下鉄に乗るのがこわいという人はけっこういる。

百歩譲って、トンネルそのものは耐震工事が進んでいて大丈夫ということにしよう。しかし、一〇メートルの津波が襲って、地下鉄の駅に流れ込んだらどうなるか。これは地下鉄関係者の間では「想定外」のことになっている。都全体に津波対策がない以上、地下鉄にもないというのは当然のことかもしれない。

かりに論議になったとしても、これまでそんな大きな津波は来た例がないのに、莫大な予算はつけられないとする行政・経営の立場も、よくわかる話だ。だが、3・11を経験してしまった私たちは、これについて真剣に検討すべきだと考える。

東京の地下には地下鉄が網の目のように巡らされており、新規の地下鉄になればなるほど、地下深く潜ることになってしまっている。

現在、東京の地下鉄の駅で深い順に挙げると、次のようになる（ホームが二層の駅は、より深いホームで集計）。

①大江戸線「六本木駅」…四二・三メートル
②千代田線「国会議事堂前駅」…三七・九メートル
③南北線「後楽園駅」…三七・五メートル
④大江戸線「新宿駅」…三六・六メートル
⑤半蔵門線「永田町駅」…三六・〇メートル
⑥副都心線「東新宿駅」…三五・四メートル
⑦大江戸線「中井駅」…三五・一メートル
⑧大江戸線「東中野駅」…三三・八メートル
⑧副都心線「雑司が谷駅」…三三・八メートル
⑩大江戸線「中野坂上《さかうえ》駅」…三三・四メートル

ざっと見てわかるように、後進の大江戸線の駅が五つ、副都心線が二つも占めている。確かに六本木駅などはどこまで下りたら気がすむのかといいたいくらいの深さである。しかし、六本木は標高三〇メートルは優にあるために、洪水や津波が来る心配はまったくない。心配なのは、標高の低い「後楽園駅」と、ここには出ていないが三二・五メートルの深さにある「麻布十番駅」などである。ここは津波でやられる可能性大である。

防災教育の徹底

東日本大震災で感動的な場面を見た。それは岩手県釜石市の釜石東中学校の生徒たちが、小学校の児童などを引率して高台に逃げて、同地区の小中学生約三〇〇〇人が無事助かったという話である。悲惨な映像が毎日流れる中、この話は全国の多くの人々に勇気を与えた。

この防災教育の指導をされていたのは、群馬大学の片田敏孝教授であった。新聞ではあまり報道されていないが、テレビで拝見して素晴らしいと思ったのは、中学生に対し、「君たちは助けられる立場でなく、助ける立場にある」ということを繰り返し指導したそうである。

私はこれが大きな効果を生んだと考えている。とかく小中学校の児童生徒は子どもだから、大人たちから助けてもらえると考えがちである。ところが、地域では大人たちは仕事に出ていて不在、いるのは高齢者ばかりである。むしろ、大人たちは助けられる立場にあったのである。

そのことを片田氏はきちんと教えていた。さらに、片田氏は「避難の三原則」を徹底して教えたという。それは次の三つである。

①想定にとらわれるな。
②どんな状況でも最善を尽くせ。
③率先避難者になろう。

この三原則である。「想定にとらわれるな」は、本書を読んでいただいた読者の方には説明不要であろう。自然災害は常に「想定外」を生んでいく。近い将来に東京を襲うかもしれない地震で必要なことは、固定した想定ではなく、まず一人ひとりが自分が住んでいる土地の実態を知ることである。

中学生たちは「どんな状況でも最善を尽くせ」の教え通り、避難場所に指定されていた福祉施設に到着した後も、ここも危ないと自ら判断して、さらに高台にある介護施設に向かった。まるで、映画のような場面だが、中学生たちは小学生の手を引いて無事避難に成功した。

「率先避難者になろう」は、よく津波でいわれるような「てんでんこ」の話に通じるものである。「てんでん」に逃げる姿を見て、周りの人々もつられて逃げるという現実的な話である。

最後に東京に住んでいる人、仕事をしている人、さらに東京湾沿岸に生活している方々に提言したい。津波から逃れるためには、あなた自身が立っているその土地が標高何メートルあるのかを常に意識することである。地震がいつ起こるかを予知することではなく、いつ来ても構わないようにまず足元を見つめることがあなた自身の命を救うことになる。

あとがき――「これから」

本文を脱稿した後、東日本大震災の被災地を訪れた。石巻には石ノ森萬画館実現のために力を尽くした多くの仲間がいる。その仲間たちの安否がわからず、3・11の後まったく仕事が手につかない日々が二週間以上も続いた。一人ひとりの顔を思い浮かべながら、ただ情報を待つだけの辛《つら》い日々だった。

3・11から八ヵ月も経って、ようやく現地を訪れる機会を得た。初めて見る被災地は想像以上の光景であった。夏前に訪れた友人が「先生、何もないよ……」とだけ電話をくれたのだが、まさにそれが素直な表現だった。

私はちょうど一〇年前にオープンした萬画館の実行委員会の座長としてオープンするまでの数年間、ずっと石巻に通い続けた。様々な難題を乗り越えて、ついに萬画館はオープンし、田代島《たしろじま》にはマンガアイランドが実現した。私にとっては第二のふるさとといっても過言ではない。日和山《ひよりやま》の南側の海に面する地域は津波で壊滅状態であり、「マンガロード」と名づけられた商店街も、一階がほぼやられて建物は使い物にならなくなっている。

現地で復興に努める仲間たちの顔には疲労の色がありありと浮かんでいた。政府の対応の遅さもあって、現地の人々には何も安堵《あんど》する材料がないように感じた。

萬画館のスタッフの一人が「女川に行きましょう」という。「なぜ女川？」と聞くと、実は自分の家も流されてしまったが、「先生にぜひ見てほしい」のだという。

夕暮れ近く、女川を見て、言葉を失った。実は数年前に女川の地名の取材で訪れたことがあった。そのときの女川の美しい港と山が目がしらに深く刻み込まれていたからだ。港のそばに建っていたマリンパル女川といくつかのビルが残されているだけで、あとは「すべて」なくなっていた。人家の九割までが流されていた。鉄道マニアに人気の高かった駅舎もなく、破壊されたホームだけがさびしげに横たわっている……。ただただ唇をかみしめるだけだ。

復興とはいえ、まだ何も始まってはいない。たぶんこれから一〇年単位での復興を目指さなければならないのだろう。

このような悲劇を東京で起こしてはならないと思って本書を書いた。そのことを改めて痛感した。本書は一〇メートルの津波が襲ったらという想定のもとに書いたものだが、津波の被害に遭うことが予想される地域には江戸時代からの古い歴史と伝統が息づいている。それだけは流されてはならない。そのために私たちは何をすべきなのか、何ができるのかを真摯《しんし》に検討していきたいし、また行政にはそれを実行していただきたい。

３・11からまだ一年も経たないのに、地震の専門家から「まもなく大地震が来る」と予告が出されている。『週刊現代』（二〇一一年一二月三日号）で建築研究所の古川信雄氏、筑波大学の八木勇治准教授、北海道大学の森谷武男研究支援推進員などの説を紹介しながら、「まもなく」房総沖に大地震（Ｍ８程度）が起こると予告している。

果たしてそうなるのかは何ともいえないが、とにかく準備を急いだほうがいいに決まっている。

すべては「これから」である。原発問題を含めて日本を再生させるために、私たちに何ができるかを真摯に模索する必要がある。

二〇一一年一二月一〇日

谷川彰英

参考文献

大木聖子・纐纈一起『超巨大地震に迫る―日本列島で何が起きているのか』ＮＨＫ出版新書（二〇一一年六月一〇日）
外川淳『天災と復興の日本史』（東洋経済新報社、二〇一一年七月七日）
角田史雄『首都圏大震災　その予測と減災』講談社＋α新書（二〇一一年七月二〇日）
洋泉社ＭＯＯＫ『これから起きる　巨大地震と大津波』（洋泉社、二〇一一年九月五日）
木股文昭『三連動地震迫る―東海・東南海・南海』（中日新聞社、二〇一一年一〇月一一日）
五十嵐敬喜・小川明雄『「都市再生」を問う―建築無制限時代の到来』岩波新書（二〇〇三年）
大宮信光『天変地異のメカニズム』（かんき出版、二〇〇三年）
中沢新一『アースダイバー』（講談社、二〇〇五年）
伊藤和明『日本の地震災害』岩波新書（二〇〇五年）

高嶋哲夫『巨大地震の日―命を守るための本当のこと』集英社新書（二〇〇六年）
寒川旭『地震の日本史―大地は何を語るのか』中公新書（二〇〇七年）
武村雅之『地震と防災―〝揺れ〟の解明から耐震設計まで』中公新書（二〇〇八年）
國生剛治『液状化現象―巨大地震を読み解くキーワード』（鹿島出版会、二〇〇九年）
河田惠昭『津波災害―減災社会を築く』岩波新書（二〇一〇年）
野中和夫編『江戸の自然災害』（同成社、二〇一〇年）
「地震に関する地域危険度測定調査報告書（第6回）」（東京都、二〇〇八年）
「東京市高低図」（復興局土木部工務課、一九二五年）
「迅速測図」（参謀本部陸地測量部）
「1：25、000デジタル標高地形図『東京都区部』」（国土地理院、二〇〇六年）
『江戸名所図会』上中下巻（角川書店）
柳田国男『地名の研究』『柳田国男全集 20』所収 ちくま文庫（一九九〇年）
竹内誠編『東京の地名由来辞典』（東京堂出版、二〇〇六年）
竹内誠編『東京の消えた地名辞典』（東京堂出版、二〇〇九年）
谷川彰英『東京・江戸 地名の由来を歩く』ベスト新書（二〇〇三年）

谷川彰英『東京「駅名」の謎』祥伝社黄金文庫（二〇一一年）

谷川彰英

1945年、長野県松本市に生まれる。松本深志高校を経て東京教育大学(現筑波大学)教育学部に進学。同大学院教育学研究科博士課程修了。柳田国男研究で博士(教育学)の学位を取得。筑波大学教授、理事・副学長を歴任するも、定年退職と同時にノンフィクション作家に転身し、第二の人生を歩む。学問の壁を超えた自由な発想で地名論を展開。テレビ・ラジオなどでも活躍。筑波大学名誉教授。エンジン01文化戦略会議幹事。

著書には『京都 地名の由来を歩く』『名古屋 地名の由来を歩く』シリーズ(以上、ベスト新書)、『大阪「駅名」の謎』『東京「駅名」の謎』シリーズ(以上、祥伝社黄金文庫)、『地名の魅力』(白水社)など多数。

講談社＋α新書《プラスアルファ》 580-1 C

地名《ちめい》に隠《かく》された「東京《とうきょう》津《つ》波《なみ》」

谷《たに》川《かわ》彰《あき》英《ひで》

2012年1月20日第1刷発行
2012年4月 4 日第6刷発行

発行者―――鈴木 哲
発行所―――株式会社 講談社
東京都文京区音羽2-12-21 〒112-8001
電話 出版部(03)5395-3532
販売部(03)5395-5817
業務部(03)5395-3615

カバー原画―――「東京市高低図」(市政専門図書館蔵)
デザイン―――鈴木成一デザイン室
カバー印刷―――共同印刷株式会社
印刷―――慶昌堂印刷株式会社
製本―――牧製本印刷株式会社
本文データ制作―――朝日メディアインターナショナル株式会社

定価はカバーに表示してあります。
落丁本・乱丁本は購入書店名を明記のうえ、小社業務部あてにお送りください。
送料は小社負担にてお取り替えします。
なお、この本の内容についてのお問い合わせは生活文化第三出版部あてにお願いいたします。

Printed in Japan
ISBN978-4-06-272745-7

講談社+α新書

書名	著者	内容	価格	番号
呼吸を変えるだけで健康になる 5分間シクソトロピーストレッチのすすめ	本間生夫	オフィス、日常生活での息苦しさから、急増する呼吸器疾患まで、呼吸困難感から自由になる	838円	566-1 B
白人はイルカを食べてもOKで日本人はNGの本当の理由	吉岡逸夫	英国の300キロ北で、大量の鯨を捕る正義とは!? この島に来たシー・シェパードは何をしたか?	838円	567-1 C
組織を脅かすあやしい「常識」	清水勝彦	戦略、組織、人、それぞれの観点から本当に正しい経営の前提を具体的にわかりやすく説く本	876円	568-1 C
「核の今」がわかる本	太田昌克 共同通信核取材班	世界に蠢く核の闇商人、放置されるヒバクシャ、あまりに無防備な核セキュリティ等、総力ルポ	838円	570-1 C
医者の言いなりにならない「がん患者学」	平林　茂	医者が書く「がんの本」はすべて正しいのか? 氾濫する情報に惑わされず病と向き合うために	838円	571-1 B
仕事の迷いが晴れる「禅の6つの教え」	藤原東演	折れそうになった心の処方箋。今日の仕事にパワーを与える、仏教2500年のノウハウ!	838円	572-1 A
昭和30〜40年代生まれはなぜ自殺に向かうのか	小田切陽一	50人に1人が自殺する日本で、36〜56歳必読!! 完遂する男と未遂に終わる女の謎にも肉薄す!	838円	574-1 A
自分を広告する技術	佐藤達郎	カンヌ国際広告祭審査員が指南する、「自分という商品」をブランドにして高く売り込む方法	838円	575-1 C
50歳を超えても30代に見える生き方 「人生100年計画」の行程表	南雲吉則	56歳なのに—血管年齢26歳、骨年齢28歳、脳年齢38歳!! 細胞から20歳若返るシンプル生活術	876円	576-1 A
「姿勢の体操」で80歳まで走れる体になる	松田千枝	60代新米ランナーも体操でボストンマラソン完走。トップ選手の無駄のない動きを誰でも体得	876円	577-1 B
日本は世界一の「水資源・水技術」大国	柴田明夫	2025年には35億人以上が水不足…年間雨量の20%しか使っていない日本が世界の救世主に	838円	578-1 C

表示価格はすべて本体価格（税別）です。本体価格は変更することがあります